培养聪明孩子的家居空间

《时尚家居》杂志社◎编著

凤凰出版传媒集团 | 凤凰联动
江苏人民出版社 | FONGHONG

目录
CONTENTS

03 妨碍孩子"早慧"的八大家居禁忌

04 家长不可忽视的五大家居问题

05 让有个性的家塑造孩子的未来
——15个特色家居育子案例

家居对孩子成长有巨大的影响

　　现在的父母都热衷于让孩子参加各种早期教育培训，这无非是希望孩子变得更聪明，更有竞争力，能赢在起跑线上。一般来说，父母是对孩子影响最大的人，作为父母，你是他人生的第一个启蒙老师，而家则是他成长过程中最好的"课堂"。你可以为孩子创造一个令他卓越成长的优质家居空间，由此给孩子一个好性格、好审美、好习惯。

　　而普通的父母并不是专业的家居设计师、色彩师，如何利用家居的风格塑造孩子的气质？如何利用环境的色调影响孩子的性格？如何利用空间的布局培养孩子的生活习惯？这些都是这本书要教给您的，读了这本书你会发现家里多了一位家居设计师、色彩搭配师、亲子关系咨询师……

培养聪明孩子，首先我们要明白什么才是聪明。

聪明的第一层含义是耳聪目明，它是指孩子的感知力要强。一个小孩子在其幼年最先要发展的就是各种感知力，听觉、视觉、触觉、味觉、嗅觉，这基本的五感在孩子接受到各种刺激后就会打开天赋中的生命记忆，使孩子的脑容量不断扩增，而错误的、恶性的刺激则会使孩子产生若干负面的记忆，比如受到伤害后对类似情境会有恐惧，被某种情境吓到后会有保护性退缩，这些恐惧、退缩如果适度是生命自我保护系统的必要组成，但若过度则会成为一个人探索道路上的障碍。

聪明的第二层含义是信息接收明晰。孩子听不清、看不清也不能算聪明，这主要表现在孩子接受和捕捉信息不完整、不准确，所以父母要培养孩子严谨、准确、精细地接收信息的能力，这是从教导孩子做好每一件事起步的。例如，如何让孩子学会管理好个人物品；如何让孩子学习了解各个事物的属性；如何正确处理和不同人的关系等，家无疑是孩子第一课堂。

聪明的第三个层次的含义是人的整合及变通能力。人只有将听到的、看到的、摸到的、闻到的、尝到的各种信息做有效的整合才能对一个事物形成系统的判断，如果孩子能举一反三、融会贯通，才能称得上聪明。

现在很多家长以为让孩子学习许多技能就会让

孩子变得聪明，其实如果过早、过度地开发孩子的智力，也许在孩子发育初期会看到一些突出才智，但过了青春期就会看到这些孩子后劲不足，很快就变得平庸没有创意，那是因为他们在早年时只是被灌输了很多信息，例如背诵了很多诗歌，认识了很多字，但对如何灵活地使用这些信息却没有得到很好的训练，导致这些孩子只是一个"存储器"，却不具备创造性。

培养聪明孩子的基础是安全、健康，所以关于这部分内容本书也包含在内。读了这本书，你会保证年幼的孩子在家中免受各种意外。例如，你会在装修时避免各种材料发出的有害气体威胁孩子的健康，你将会妥善安排 "椅子——桌子——窗台"的家居码放形式，以防孩子爬出窗外……你会预料到家中的楼梯、浴盆、厨房等对宝宝可能造成的各种伤害。

在健康的基础上，家长则需要不断地开发孩子的其他能力。

比如你会用色彩培养孩子的感知能力，用别有新意的色彩搭配，让他学习时精力集中、睡眠时安稳平静、玩耍时创意不断。你会用"留白"的方式激发孩子的想象力，你会发现孩子会在你和家居的引导下变得更加聪明、更有想象力，而你和孩子的关系也会因此更加亲密，沟通更加顺畅。

这本书中有日本著名教育专家的最新教育理念、有专业的家居设计大师的指导，有近百个幸福家庭的真实分享，希望本书能帮助更多的家庭、更多的父母，为孩子创造一个更美好的家居空间。这里的美好，不只是好看，重要的是让孩子能够在这个家中健康、快乐、自由、自信地成长。否则，我们为孩子营造的家并不是完整意义上的家，他只不过是一个空间，或者是一座房子。

本书希望能从一个日常但却容易被忽视的角度，帮助父母将家居变成一个高质量的开启孩子生命潜能的空间，这个开启不仅包括让孩子成长得更安全、健康、自由，还包括让孩子成为一个丰富、严谨、充满创意、善于处理好各种关系的人。

愿天下父母用一个好家居，爱出一个聪明孩子，爱出一个和睦、亲密的家庭关系。

聪明宝宝需要什么样的家？

如果问："想要培养聪明孩子，你的家会怎么设计呢？"

你的回答可能是——

"我要安排一个属于孩子自己的儿童房。"

"我会把儿子房间的墙涂成天蓝色，再贴上好看的动物图画，勾画成他的童话乐园。"

"我会把女儿的房间布置得像个公主房。"

"我得给孩子用实木家具，结实又环保，孩子才能健康聪明。"

"我会让他的房间像个游乐场，使孩子越玩越聪明。"

是的，这就是大多数家长的"设计"，想法也都棒极了。但这些答案更清晰地显示出：家长们在考虑孩子的家居设计时，最普遍的想法只是围绕着"如何精心设计一间充满童真与童趣的儿童房"。

可是，培养聪明宝宝的家，难道就只是布置一间儿童房吗？如果想要一个既可以陪伴孩子健康成长，又能有利于孩子聪明才智的家，那又该怎样设计呢？在此，我们想跟各位家长分享的是：培养聪明孩子的家，不只是设计一间儿童房。

不要用成人思维去设计儿童房

现在很多家庭都为孩子单独安排了儿童房，所以在家装设计的时候，大人们往往会把专属于孩子的元素都集中在这个空间里，而在其他空间的设计规划上则很少再顾及孩子的需求。于是，好似精心为孩子开辟的"个人领地"反而使孩子觉得"家"的空间缩小成了那一间"儿童房"，进而容易产生被孤立的感觉。

孩子总是听到大人说："你把客厅都搞乱了，回你自己房间玩去。""这是爸爸的书房，不是你画画的地方，去你屋里画。""厨房不是你玩的地方，快出去宝贝。"是啊，似乎唯有儿童房才是他的去处。走出儿童房，他找不到一本自己喜欢的书，整洁的客厅里绝对不会有他的拼图游戏，走廊里挂的尽是他看不懂的抽象画，而他还被餐厅里一个像爪子样的桌腿绊倒过两次。为什么家里会有他不可以去的地方，又为什么家里只有儿童房才让他喜欢？为什么他不能拥有整个的家？

事实上，对孩子而言，家的概念就应该是完整的家庭空间，空间的分隔最多只是功能区域的划分。孩子他和大人都是家庭成员，自然应该与大人共享家庭的所有空间。所以，家装设计的整体性和家庭空间的开放性对于孩子尤显重要。

请大家不要误会，我们所提倡的空间的开放性并不是让你把家设计为没有隔断的空间。这里所指的开放性，是指所有空间都应该是对孩子开放的，特别是当孩子还很小的时候，孩子可以进入任何空间，随着孩子逐步长大，家人为了保护自己的隐私，某些空间才会有所封闭。

　　家装设计时，家长在每一个空间的规划，每一样家具的购买，每一种材料的选择上都应该考虑到对孩子需求的满足和照顾，更需要把整个家与孩子联系起来，而不是只对那一间儿童房精益求精。这样的话，家居环境无论从风格的统一还是色彩的协调上都会给孩子带来家的完整印象。

　　另外，设计时还应尽可能地减少室内隔断墙，特别是空间较小的房间，过多的隔断会像是编织的网，束缚孩子自由的天性，也阻隔了他对家庭温暖的感知；如果是面积很大的房间，则尽量不要把孩子的房间安排在角落或过道尽头，不要让孩子的房间与父母的房间隔得太远，但要有一定的保持隐私的距离，比如中间隔一个房间，这样孩子的活动区正好处于家庭的中心位置，这种设计既能让孩子时刻感受到家人的关注，也更利于开阔孩子的心胸，使他思维更灵动，想象力更丰富，在性格上也会变得更开朗。

　　再有，小孩子好奇心很重，很多事物对他们而言都是新鲜有趣的，所以家长不要过多地限定他的活动区域和行动，让他在家里多一点观察、多一点探索、多一点发现，这样孩子在活动中获取的信息就越广泛，也更容易充分地展露出自己的特质和爱好，这将有益于家长对孩子进行更好的教育和引导。

家是如何培养聪明孩子的？

人们总觉得聪明宝宝都是家长或老师"培育"出来的，但如果说家居就是孩子的早教课堂，它可以帮助家长培养孩子的多方面能力，你相信吗？没错，家真的可以做到，而且它对孩子的"培养"不是强加硬塞式的灌输，而是隐性自然的教育示范，这种方式非但不会引起孩子的拒绝和反抗，反而会深得孩子的认同。

人对世界的认识最初是通过感官感知的，在小的时候最为敏感。所以孩子在还无法与别人进行语言交流，也不能通过阅读识字来认识事物的时候，他的所看、所听、所嗅、所尝、所触到的东西就是他接收信息的方式。这其中，人对图像和色彩的感知又是最快速也最容易接受的。所以，家里各种家具饰物的形状、色彩就都像画一样，是孩子最容易识别的。这些信息每天都在向他传递，每天都在加深他的记忆，每天都形成着对孩子潜移默化的"教育"。那么，家长究竟该如何利用好家居环境对孩子施加影响呢·

• 家居的风格塑造孩子的气质

长期生活在一个空间里，孩子的气质很容易受到家居风格的影响。从理论上来说，其实没有哪一种风格是完全正确或错误的，你期望自己的孩子将来什么样，就请把你的家居风格打造成什么样，而且我们特别强调风格的统一性。因为这会使孩子的个性更鲜明，思维方式也会更有逻辑性。所以，一个家的风格或优雅或高贵，或知性或可爱，一个孩子的气质也会近乎如此。而设计过于另类的家则需要审慎，因为这样的格调容易使孩子的性格偏执或思维混乱，当然，你也许觉得奇才就是这样培养出来的。

● 环境的色调影响孩子的性格

颜色对小孩子的刺激非常明显，而且对他们性格的形成作用较大。总体来说，鲜艳的、明亮的、温暖的色调，比如橙色、黄色、绿色、粉色等都很适合孩子，而黑色、紫色、棕色就会相对沉闷。但是，家长也不要把家搞得五彩斑斓，因为家不同于游乐园，家是孩子长时间居住的空间，孩子的大脑不可以一直保持兴奋状态，所以家庭中最大面积的主色调要温和，局部可以使用亮色，而这个亮色区域也要兼顾其他方式去缓和，比如用风格沉静的装饰画去协调一个果绿色的墙面，选色彩稳重的家具来平衡一个橙红色房间的浮躁感等。

另外，正因为色彩的"个性"对孩子性格的形成会产生影响，所以家长才要在了解色彩个性的基础上做慎重周全的考虑。比如一个粉红色的儿童房，虽然很甜蜜可爱，但长期居住在这个空间里的女孩子容易形成强烈的依赖感；反之，如果一个男孩子特别好动、注意力不集中，那么，原本属于冷色调的蓝色空间则会使他平静一些，并可以慢慢地培养他踏实认真的性格；如果孩子有些抑郁，不妨选择黄色家居色调，在阳光下，这里会很明媚，能慢慢使他变得更阳光。所以请相信色彩的神奇力量，准确运用色彩，你就可以让孩子拥有一个好性格。

● 空间的布局培养孩子的生活习性

一个合理的布局不但可以使空间的使用面积增大，更重要的是可以引导家庭成员生活方式的改善。

比如家庭共享空间的面积足够大，孩子与大人的相处就会更融洽，孩子的房间靠近父母卧室，容易增加孩子与父母的相互交流。儿童房远离厨房既减少风险，也避免了厨房的爆气导致孩子因阳火过旺而毛躁。而客厅的壁龛改造成嵌入式书架，在阳台的飘窗布置一个手工课桌，都将使学习的区域不再局限于书房，这种区域的延伸和扩展会更有利于孩子养成良好的学习习惯。

最重要的是，合理高效的功能分区会使孩子思路清晰，做事更具条理性，生活习惯也会在流畅的空间引导下更为健康、有序。

● 家居的搭配关系熏陶孩子的审美

在接受系统教育之前，孩子每天从家居环境中观察到的信息就是他们接受的美学教育，在他们对各种事物没有形成清晰概念的时候，家里呈现的一切就是"标准"或"定义"。所以，家居色彩搭配是否和谐美观、有创意，都会影响孩子的审美能力。所以，家长必须有意识地提升家居设计的品位。

比如，换掉那些单一的直线条家具，给家里添置些有曲线设计、造型多样的家具，从而使孩子在形状认知上更丰富；或者为那些铁艺或有金属感的家具配搭些毛绒

饰品，避免带给孩子生硬、冰冷的感受；另外，别再随性地把动物的头骨、刀或剑等酷感十足的东西当做摆件，那样很可能会在孩子的心理上投射下恐怖和暴力的阴影。

更进一步讲，家居环境并非一成不变的空间，家长需要根据季节、孩子的年龄等因素随时调整各种搭配关系，保持家居的和谐。

比如，在夏天把窗帘换成了凉爽的湖蓝色，那么床上用品就不能再是浓重的咖啡色；由大小不等的相框构成的纪念墙因为换了新照片，排列顺序就要重新调整；原来的铁艺床换成了藤制的，床头灯则也要跟着变换成田园感的碎花灯罩；柜子旧了没关系，和孩子一起给他刷一种新颜色，或者用包装纸给它穿一件新外衣……这是不断完善的过程，也是宝宝随时学习审美的机会，家长对此不能轻视，因为审美并不单指艺术性，它其实是一种综合能力，是对生活更有品位的体验。

家的设计暗含着家庭成员的关系

一个家更大意义上的体现是人与空间的关系，以及人与人的关系。所以我们想说，真正为孩子设计的家，既要考虑他的空间感受，也要思考他与家庭成员相处的方式。

有时候，一件家具在空间中的位置和功能都会给孩子某些引导和提示。比如，沙发和茶几的组合关系是围合式的还是平行的，这就会影响人与人之间的交流方式；卫生间里毛巾的挂钩是高还是低，决定了你是否在培养孩子的生活能力。还有的时候，可能是大人们不经意的相处方式和习以为常的生活习惯就成为了孩子模仿的范本。比如，爸爸一进书房总是把门关上；妈妈总是在周末一边抱怨着一边把家里人乱丢的东西统统堆进一个箱子；奶奶永远都把好吃的菜端到孩子面前，甚至不允许爷爷先动筷子……

这样，孩子就会习惯把自己也关进儿童房，很少跟大人交流；东西用完不懂得归位，完全没有收纳的意识；而家里来了客人，孩子只顾着把自己喜欢的菜夹进碗里……

有时候，我们真的不能埋怨孩子，确实是家长忽视了亲子教育中人文环境的作用。毕竟孩子在小的时候就是通过观察家庭情景，模仿大人行为生活的，他们是信息的被动接收者，家长才是信息的制造者，而家居刚好是传递信息的重要载体。所以，如果想要宝宝智商、情商都很高的话，就请家长们用优美的家居设计和正确的亲子沟通方式共同营造和谐的家庭氛围，让完整意义的智性的家居空间培养出真正聪明的孩子。

PART

02

Home

不会"成长"的家最伤害孩子

孟母都三迁，孩子成长的大小环境决不能马虎

儿童房是孩子们最亲近的场所，它有着多样的功能性，它是孩子们的卧室、起居室、书房和游戏空间。在儿童房的设计上，家长要充分考虑孩子成长中的特殊要求，增添有利于孩子观察、思考、游戏的设计，尽量通过色彩、采光、家具、饰物等装修技巧，为孩子的健康成长创造条件。

选择利于儿童身心健康的住房应从大环境和小环境两方面因素进行考虑：

● 大环境：把家安在最利于孩子成长的地方

常言道"近朱者赤，近墨者黑"，"一方水土养育一方人"，选择常住地段时首先要考虑一下大环境，比如周围人群总体素质等，因为孩子几乎每天会在小区的花园里活动一两个小时，小伙伴的家庭素质就会潜移默化地对孩子产生影响，毕竟我们都希望孩子从小能够交到素质较好的小朋友。当然，环境空气、水体质量、道路交通状况等也都是要考虑的大环境要素。

● 小环境：注意细节，能给孩子更多正面影响

1. 给孩子开阔的视野和充足的阳光

孩子是嫩芽，需要阳光的滋润，阳光充足的住房自然更利于孩子的身心成

长，孩子的房子要有较好的日照，至少采光要好，窗外的视线也要开阔，避开嘈杂的环境。如果不能将朝阳的房间给孩子，那就尽量将朝东的房子留给孩子。因为随着太阳的升起，孩子从起床开始就能吸收更多的阳光，以保证他一天的活动都能量充沛，而朝西的房子夏天会很热，不利于孩子午休和活动。

2. 开放的房间布局能让孩子更开朗

所谓布局合理主要是动静分区、洁污分区、公私分区。有儿童心理学统计数据表明，长期生活在过于独立封闭空间中的孩子，智力及沟通交流能力比生活在开放空间中的孩子要弱。一般而言，儿童房不宜安排在带长过道的屋子尽头，这类型的房子私密性有余，沟通交流性不足，不利于家庭成员之间的交流，容易使孩子的性格越来越孤僻。

另外，房型还要与外界有较好的交流互动。近20年来住宅产品的设计理念在不断提升，原来高窗台、小窗户、黑过厅的户型渐渐淘汰，取而代之的是强调与外界交流的户型：宽广的视觉，更多贴近自然环境的设计，都能给生活其中的孩子带来更多开放、自由的思想和创造力。

3. 丰富、有层次的空间能给孩子更多乐趣

丰富有层次或者错落有致的空间既能给孩子增添很多乐趣，也能启发孩子的智力。有研究表明，生活在空间高大、有上下楼梯及空间丰富的住房中的婴儿的智力发育更快。现在很多地产商推出情景房理念，多层住宅在错落的层次中可以构筑出丰富的廊院、花坛、露台、楼梯，这能带来很多生活情趣，很受住户欢迎。如果你是居住在小户型里，也可用推拉门、隔断或可移动家具制造空间的丰富感。

4. 选对房间的主色能给孩子更多正面影响

儿童房的色调很重要，它对孩子的心态有重要的影响。在一个家庭中，如果主要颜色超过三种，成人就会在视觉上感到疲劳，但是儿童不会，儿童更加喜欢缤纷的色彩。

儿童房的色彩要有一个主色调，墙面的颜色起了决定性的作用，家长宜采用米黄色等较明亮的中性色彩，定出一个较为清新、活泼的基调。如果是米白色的基调则能很好地反衬鲜艳的颜色。

孩子的家具应
该采用明亮度较高、
色彩饱满、纯正的
颜色。

家具的颜色则可以较为丰

富，总体上家具应该采用亮度较高，色彩饱满、纯正
的颜色，太深的色彩不宜大面积使用，否则会产生沉闷、压
抑的感觉，这对培养孩子们活泼、乐观的性格是不利的，这也是大
人们不愿意看到的。

5. 提高家居的安全性能给孩子更多创造力

安全性是儿童房设计、装饰、布置时需要重点考虑的问题。小孩子往往
活泼好动，好奇心强，容易造成伤害，所以他们需要更多的照顾和呵护，对于
他们的生活环境，家长们需要处处留心，让孩子健康安全地成长。比如家具的安
全性、楼梯、窗户栏杆、阳台栏杆、孩子够得到的危险地带等，装修设计时要牢记"安
全实用第一"。

本书要提醒年轻父母们的是：事先考虑周全，不要等孩子生活其中了，再对他
说"这个危险，不要爬"、"那个易碎，不要动"，太多的控制与告诫对孩子天性的发
挥会形成障碍，所以布置一个牢固、耐用、舒适的家吧，让孩子可以随心所欲地施
展他的创造力。

6. 儿童房的环保要谨慎"累加污染"

首先，家长们在装修儿童房时已经在材料选择上十分注意，但实际上，并不是
装修时全部采用了环保材料的儿童房就一定可以达到环保要求。这是由于儿童房一
般比较小，如果使用的材料过多，即使每一件产品，每一种材料都是符合环保要求的，
但它们堆积在一起，就会造成材料释放的有害物质增多，导致室内污染超标。所
以在有孩子的家庭，特别是孩子还很小的家庭，确定家庭装修设计方案时，首
先要使装修内容简化，这不仅可以避免繁复装修造成的用料多、污染源多的
问题，还可以为未来预留污染提前量，因为在孩子成长的过程中，还会
不断添置家具、饰物和玩具等，所以要预先把新增物品的污染指数
计算在内。

其次，选购家具时也要考虑材料的环保性，家长要尽
量选购实木家具而非板材家具，因为无论

安全性是儿童房设计、装饰、布置时首先需要考虑的问题，父母一定要针对自己孩子的行为特点做出周全的考虑。

是指接板还是刨花板，含胶量都相对较大。而类似沙发面料、床垫的内衬、海绵等也要考虑在内，因为装修时的主要污染源——甲醛，同样会隐藏在这些不起眼的地方。

再次，不要忽略水管、胶水、窗帘等家装辅料和配饰的污染。比如，有些人认为选购纯纸浆的壁纸就没有问题了，但如果用胶粘贴壁纸也是非常有害的，家长最好使用以天然植物提取物为主要成分的水性胶。

最后，在清新家庭空气的方法上应避免使用空气清新剂等类似的产品，因为这只是使一种气味覆盖另一种气味，如果质量不可靠的，还会增加新的污染源。父母最好选择吸附的办法，比如使用天然活性炭，摆放吊兰、仙人掌等植物，经济条件好的可以购置空气净化机或安装新风系统。

能让儿童房也"长大"的父母才是最称职的家长

"总想把最好的都给他"，这几乎是每一位家长的心愿，于是，无论是从画报杂志上看见的国外家居美图，还是在朋友邻居家里发现了趣味装饰物，一并将别人的"精华"统统吸纳在自己的家中，但后来竟发现自己的一番用心并没能成为孩子的最爱。这样的结果是因为家长们把所有孩子的喜好"统一"成了自己孩子的喜好，把看似完美的样板间标准化地复制成了自己的家。但请你试想一下，一个 3 岁的孩子和一个 10 岁的孩子对色彩的感受会一样吗？他们的游戏方式不同，需要的空间格局又能一样吗？而家具的风格与大小比例自然也是不同的。所以，一个真正有利于孩子成长的家装设计需要家长根据孩子不同年龄段的特征，在空间布局、色彩搭配、家饰选择，甚至灯光照明方面都能给予更符合个性、更准确合理的安排。

不能让宝宝好奇的家居，就是失败的家居

• 儿童特点：宝宝已有了自己的喜好

3 ～ 7 岁的儿童大部分活动时间都在室内，这时家里最好具备各种让孩子探索、发挥想象力的设计。同时这个阶段的孩子开始慢慢地认知一些基本概念。从吃饭、穿衣到叫人，开始有自己的爱好，如玩玩具、读书、涂鸦等。这个时期的孩子有一种强烈的学习欲望，什么都想去摸一下、碰一下，凡事都喜欢问个为什么。

• 空间布局：儿童房也是多功能房

学龄前孩子的儿童房往往具有多功能性。首先，它是一个卧房，具有最基本的功能——睡眠。因此，它的内部布局在使用功能上跟卧室有很多共通之处，卧房布置的要点也同样适应于儿童房的布置。

3 ～ 7 的孩子空间不妨多点对比色，对比色的出现能避免给孩子单一的感觉，这样就创造了一个变幻多彩的世界。

对于此阶段的孩子来说，玩耍是他们生活中必不可少的精彩部分，因此儿童房要规划一个比较宽敞的玩耍空间，可以让孩子无拘无束地摸爬滚打，布置这一空间时，可以把床、书桌和柜子的长边靠墙，在地面铺上地毯，便形成了一个完美的玩耍空间。

• 色彩：适度明亮和多变的色彩更利于孩子的想象

这个阶段的孩子对颜色、花式、图案的变化较为敏感。不同的颜色能刺激孩子的视觉神经，千变万化的花式、图案则可满足儿童对世界的好奇心。儿童房的色彩宜鲜明、亮丽、色泽可以淡雅点，父母尽量避免用深色。但可以用展现纯真的奶白色，突出雅致的浅蓝色，蕴涵睿智的天蓝色，张扬童趣的果绿色，温馨恬静的淡粉色等。这些更能调配出符合孩子幻想的斑斓瑰丽的童话世界。当然，你还不妨多用点对比色，以避免给孩子单一的感觉，为他创造出一个变幻多彩的世界，因为这个阶段，变化是最能吸引孩子的。

• 家具布置：儿童家居的选择标准

这个阶段，孩子的家具切忌成人化，宜小巧、简洁、质朴、新颖，同时要有孩子喜欢的装饰品位。小巧，适合儿童的身体特点，也为儿童多留出一些活动空间；简洁，则符合儿童的纯真性格；质朴，能培育孩子真诚朴实的性格，也更亲近自然；新颖，可激发孩子的想象力，在潜移默化中发展他们的创造性思维。

• 灯光照明：儿童房的主光与辅光

儿童房要有充足的照明，孩子对黑暗往往有一种恐惧感，房间里明亮而不刺眼的照明，能让房间温暖，有安全感，对消除孩子独处时的恐惧感很有帮助。这个阶段的儿童睡眠时间较长，应在儿童房给孩子创造一个良好的睡眠环境：灯光尽量要柔和，并以布置反射光源为宜，最好使用壁灯来代替柜灯或地灯，因为它既温馨柔和，又能避免散乱在地面的电线对孩子构成的危险。

为了更有效地实现照明，父母可以采取整体和局部两种方式设置。当孩子游戏玩耍时，以整体灯光照明，让居室充满光亮；孩子看书、画图时，选择局部可调节光台灯来加强照明，以取得最佳亮度，如果在写字台上放置一盏动物

活动区域可以放些毛绒动物或布娃娃，这些玩具每一个小孩子都会特别需要，因为那种可爱的形象和它们的柔软会带给孩子依恋感和亲切感。

在一些闲置的空间不妨增添些孩子可以在室内活动的设计，譬如一个小吊椅或者秋千，这样他们既可以独自游戏，也可以和大人一起玩耍，乐趣无穷。

或卡通造型的灯饰，更有阅读、学习的氛围。此外，父母还可以在孩子卧室内安装一盏低瓦数的照明灯或者在其他灯具上安装调节器，方便孩子夜间醒来时使用，避免夜里需要照明时，过强的灯光引发哭闹。

● **装饰：孩子的作品才是最好的装饰品**

儿童有丰富的想象力、强烈的求知欲和不断创新的精神，大人要善于鼓励并启发他们，在学龄前期巧妙地运用玩具以及孩子小小的绘画作品、手工作品，为孩子营造一个温馨的童话世界，你也会渐渐发现，这其实才是最好的装饰品。

家居要最大限度满足孩子的个性需求

• 儿童特点：孩子开始追求个性并要求改变

7~13岁是孩子心理发育特别重要的时期，孩子幼小的心里会有很多奇怪的想法。有了老师的教导，开始告别幼稚的玩具，逐步走向成熟，这时候他需要一个安静阅读的场所了。而且，这个时期的孩子校园生活丰富，与小朋友相互交往的感 情也显得特别重要。因此，他们比较喜欢把学校里的作品或是和同学们交换来的东西带回家装饰房间，对房间的布置也更有自己的主张、看法。他们开始有追求个性化的意识，他们喜欢尝试自己创造一个世界，在这个可以表现自我的活动空间中，他们更容易感到快乐并形成自信。

• 空间布局：学习功能在此时更为突出

由于步入学龄阶段，此时的儿童房还有一个不可忽视的功能——学习。这时父母可以在儿童房里有意地布置一些可以促进孩子学到知识的器具、小饰物。

随着孩子对活动空间需求的增加，考虑到孩子的年龄和身高的变化，此时家长可用组合的方法，利用多功能、组合式的家具，以机动的空间变化来适应孩子游戏、学习、休息等各方面成长所需，为他们创造出具有多元功能的童趣天地。

• 色彩：尽可能地协调，并尊重孩子的喜好

随着孩子的成长，他们对色彩将会产生自己独特的喜好，此时可以多发挥他们的想象力，由他们自己来选择和搭配儿童房的色彩，而家人只要起到整体控制的作用即可。这个阶段由于房间的功能多为学习，父母不妨多以协调色调为主。譬如，海蓝色系列可以让孩子在小小的空间里感受到开阔、自由；橙色给孩子活泼欢乐的气息；绿色接近大自然，给孩子生命的活力。不同的颜色可以用来装饰不同的空间区域，但是要注意各种颜色之间的过渡和协调，不能破坏整体美感。

• 家具布置：以更方便、实用的家具满足孩子的生活、学习需求

稍大一些的孩子，则需要较大空间发挥他们天马行空的奇思妙想，让他们探索周围的小小世界。按比例缩小的家具、伸手可及的搁物架能给他们控制一切的感觉，满足他们模仿成人世界的欲望。

大孩子钟情于可以充分施展爱好，并用来学习的地方，最好还可以用来接待同学。此时的家具最好多功能、可移动、易组合，带有启发孩子想象力的属性以满足他们不同的要求。

• 灯光照明：强调童趣的同时也更注重学习照明

明亮清晰的灯光是儿童房必备的条件，尤其对于正处于学习期的孩子来说。儿童房的照明度一定要比成年人房间高，理想的照明环境可以运用普照式的主灯，辅助式的嵌入灯及书桌照明的台灯三者搭配，并可设置一些藏入槽中的蓝色背景光源。当蓝光从顶上反射来时，一个梦幻般的"银河"就诞生了。主灯的光照度不要太强，以柔和为宜，光源朝下，以避免眩光的感觉。父母最好选择玻璃罩朝上的灯具，使光线透过磨砂灯罩的过滤照射下来，这样光线可以柔和许多，并能达到合适的亮度。当孩子躺在床上仰视天花板时，主灯源也不会有刺眼的感觉。灯具的式样丰富多彩，你最好选择活泼又有童趣的，能够营造儿童房欢乐的，而且主灯可以配合天花板吊顶的设计。

此外，书桌照明则是最常用的灯光了，它对光照度有一定的要求，达到 $150 \sim 200lx$，便于阅读，同样不要产生眩光。有条件的还可以在书桌照明设置一个防近视仪器，孩子阅读时如果超过了感应线，灯就会自动关闭。书桌的照明要移动方便，接头线要留有充足的余地，以方便围绕书桌调整，利于小主人阅读写作。

• 装饰：更换掉地毯，开始学会给孩子"留白"

以柔软且具有自然素材的装饰可营造舒适的睡卧环境，但也讲求安全、实用、易清洗。这时候可以尽量避免如地毯、壁布等这些易吸附尘土，不利于清洁的装饰品。

这个阶段的儿童房设计中还要注意留白，留白可以给孩子预留一些自我

在儿童房里面要有意地布置一些可以促进孩子学到知识的器具、小饰物，让他们在不知不觉中就可以学到知识，逐渐也会引起他们对学习的兴趣。

发挥的空间，便于成长过程中的孩子自由地布置他们的专属领地，通过 DIY，会提升他们的动手能力和创造能力、设计能力，这个自己参与布置的房间会比父母布置的房间更让他们喜欢。

合格儿童房有十大标准，你的家得几分？

孩子的生活里充满了太多的不确定性。他的游戏场所并不只是固定在地板上，他可能会爬到上铺去玩垂钓；他勇于尝试的心理很可能令他把所有能搬动的家具一路搭高到房顶，以追求"搭积木"似的真实乐趣；他也可能拿

随着孩子对活动空间需求的增加，考虑到孩子的年龄和身高的变化，选择带有性别特征的床具，更适合他们成长的心理需要。

起电吹风给芭比娃娃换个发型。所以，为了能够更符合孩子的生活方式，在家居环境的布置上，家长们还需要考虑更多的细节，并有技巧地规避不确定性引发的问题。

1. 儿童房要有一定的储存功能。孩子的衣物、玩具比较多，一定要留出足够的空间放置，这样儿童房才能整齐美观，否则无数的玩具就会让这个小小的儿童房杂乱不堪，而且找起东西来也会非常费力。

2. 共同参与规划。小孩的个性、喜好不同，对物品、房间的摆设要求也有差异。父母在布置儿童房时，要多与孩子沟通，倾听他们的意见，让孩子共

床头灯要选择安全的材质，使光透过半透明白色灯罩的过滤照射下来，这样可以柔和许多，并能达到合适的亮度。

同参与设计、布置自己的房间，引导孩子思
考，培养孩子独立的品格，开发孩子的创造力。

　3.最大限度地保留活动空间。儿童房要远离厨房，不要装潢得
太复杂，家具不宜太庞大，应使房间尽量宽敞，没有阻塞局促之感，给孩
子留足够的成长空间。通过环境和家人的共同影响教育来培养孩子的独立性，
减少依赖性。

　4.地面要易于清洁且耐磨。儿童房的地面铺设是有讲究的，孩子好动，
地面应具有抗磨、耐用、有弹性、防滑等特殊性能，不宜使用大理石和地砖，
实木地板是比较好的选择。如果非要选用地毯，最好只铺小块的，地毯会滋
生螨虫等肉眼看不见的寄生虫，从而使儿童容易患上呼吸类疾病，所以不要
全部铺上地毯，对小块的地毯也要定期进行清洗。

　5.色彩鲜艳不杂乱。虽然主张儿童房要色彩斑斓，但同样要注意过犹不及。
如果色彩太多太杂，就会形成"色污染"，不但没有为儿童房增添美感，还容
易产生视觉疲劳，不利于儿童的健康成长。

　6.家具灵活多变。在儿童家具设计上，应增添有利于儿童观察、思考、
游玩的成分。例如把睡床、滑梯、写字台、衣柜、书柜设计成融为一体的组
合家具，鼓励儿童按个人喜好自行组装，让儿童房间能不断发生新的变化，
同时，家具尽量采用圆弧收边，避免棱角的出现。

　7.装饰材料坚持"无污染、易清理"原则。儿童房要尽量选用天然材料，
其间的加工程序越少越好，这样可以避免各种化学物质的污染，我们还要
尽量避免放置玻璃制品和使用各种易碎的用品，如大面积的玻璃和镜子。

　8.电器安全很重要。所有的电器开关都要设置在高处或
隐蔽处，电源插座要保证儿童的手指不能插进
去，最好选用带有插座

罩的插座；儿童房尽量不要使用落地电器，防止孩子绊倒后发生触电事故。

9.玻璃的安全隐患最大。虽然目前国家规定安全玻璃需要通过3C（中国强制性产品认证）认证才能在市场上销售，但是市场上销售的玻璃鱼目混珠，一些假冒伪劣玻璃只是厚度达到钢化要求，而玻璃工艺却达不到要求。据介绍，没有通过标准的钢化玻璃很可能出现爆裂，而儿童天性好动，多次的碰撞会加大玻璃爆裂的可能性，因此在儿童房中应尽量少用或者不使用玻璃。

10.家居用品要耐用。孩子在玩耍中探索世界，在这个过程中他们不可能像大人一样知道哪些行为会损坏家中的物品，因此为他们挑选的家具用品要抗破坏力强、使用率高，这样大人就不用担心家具等物品的损坏给孩子造成的伤害。

PART

03

Home

妨碍孩子"早慧"的八大家居禁忌

处处有危险的家，是不合格的家

也许是因为独生子女给父母带来的压力太大，很多父母对孩子有一种照顾过度的倾向。家长会觉得自己的生活常识可能积累得不足，担心对孩子的关照不够，以至于不能给孩子一个健康快乐的成长空间。父母的焦虑使得他们总觉得为了保护好孩子，家里这个要提防、那个要警惕，很怕孩子发生各种各样的意外。那么，一个有利于培养聪明孩子成长的、安全性的家居空间应该是具备什么样的特点？如果说家长防范过度的话，又会给孩子的成长带来什么不利的影响呢？

很多家长意识不到自己的提醒对孩子来说是多么令他紧张的"警告"。当家长不断地跟在孩子后面喊不要碰这个，不要动那个，不要去这里或那里的时候，这对孩子心灵的成长会产生很多负面的影响。家长最好少对孩子直接使用"不！""不行！""别碰这个，别动那个！"之类的语言。对于很小的孩子，他的器官、神经都很稚嫩，外界的一切都会对他产生深远的影响。如果一个大人成天跟在他身边尖声呼叫，这每一声禁令对他都是负面的刺激，这会使孩子很困惑："怎么什么都不让我做呀？我到底能碰什么呀？家里为什么到处是危险？哪里才安全呢？"他会逐渐失去对家的依赖，失去对自己感官的信任，有些孩子会变得脾气暴躁，有些则会变得怯懦消沉。

其实一般情况下，并没有那么多险情。首先我们要把你不想让孩子摔坏的东西收起来，把可能伤害他的东西换个位置或加强保护措施，那其他的东西没有什么是他不能碰又不能动的。比如把摆在客厅里展示的一些易碎的工艺品先收纳起来，为家里的电源开关安装防护罩，如果你担心孩子因对饮水机的按钮好奇而被开水烫到，就可以把落地式饮水机换成台式的，放得高一点，孩子就碰不到了。

其次，把地面上和低矮家具上的那些细碎小物收起来吧，因为孩子在三岁之前，很容易吞食小东西，但孩子年龄稍微大一点，家长就不必那么担心会有这方面的危险。你做饭而他喜欢模仿你，那就让他在旁边跟着你一起打鸡蛋、揉面团，因为在孩子眼里可能觉得你在厨房里"玩"得不亦乐乎，而他当然也想跟着你一起玩。

再次，家长应该正确认识孩子摔跤和磕碰的问题。没有哪个孩子不是摔着跤长大的，有时候，他只有磕了碰了才会对一个事物和自己的身体有认识，才能对危险有更切身的体会。当然，家长也需要采取一些必要的防范措施，

家中尽量避免玻璃及尖角的家居，布艺沙发是很好的选择。

以保证孩子不遇到严重伤害，比如给孩子买防滑性强的鞋，不在窗前摆放可蹬踏的家具，为家具的尖角粘贴橡胶垫等。

最后，我们想跟家长交流的是，不但孩子弱小的身体需要大人的保护，孩子的心灵更脆弱，所以给孩子一个轻松的环境，用积极正面的语气和方式引导孩子做正确的事，让孩子保持快乐的心情更是一种使他健康成长的保护。

你对孩子有"禁区"，孩子就会对你有"禁区"

很多父母不许孩子进厨房，或者不许进父母的卧室、爸爸的画室等，其实这样对孩子来说反而不好。我们要给予孩子充分的探索自由，这样一方面有助于孩子好奇心和勇气的培养，同时也让他感觉到自己是这个家的主人。

作为家长，究竟应该如何应对家里有一个既聪明又好动，既有探索精神却又带着破坏性的孩子，这是我们在做家居安排的时候要深入考虑的，因为这并不简简单单是一个生活用品的码放问题，这还是创造一种与孩子良性互动，提供给孩子一个探索空间的过程。对于孩子而言，家长在打造家居环境的时候，一方面要给孩子提供一个可供他探索的余地，另一方面，要及时地指导孩子，告诉他们在探索的过程中如何避免危险。比如说冰箱，孩子打开冰箱而被冻伤的案例有很多，打开冰箱而将自己关进去，导致窒息的案例也有。甚至还有的孩子钻进洗衣机筒被绞伤。作为小朋友，他的好奇心一定会驱使他去试图打开所有关闭的门，家中除了冰箱门，其他的门也都存在不同程度的危险，或者因为一些门是自动关合的，那么它可能会使刚刚钻进去的小朋友被关在里面，还有一些门可能非常脆弱，有可能在孩子开关过程中被打碎，这些令孩子受伤的经历都会挫败他们进行探索的勇气，当然这些也可能成为孩子懂得禁忌的教训。

面对这些问题，家长可以做一些调整，使小朋友能够安全地探索又不会受到伤害，使他们能在家里发现无穷的乐趣。比如说你可以在门里面放一些有趣的东西，当孩子打开其中一扇门的时候，他就会看到那些安全但很有趣的东西，以孩子的特点而言，他可能不再执拗地去打开其他的门，这样既保证了孩子的安全，又满足了孩子的好奇心。再比如你可以禁止他靠近厨房的炉灶区，但可

楼梯一定要做好防护措施，注意栏杆之间的间距，不要让孩子的头能伸进去。

以让他坐在不远处看你操作并跟你聊天。你还完全可以把所有的房门都开放，允许他自由进出，而在需要关门的时候告诉他每个人都有自己的隐私，如果他有需要也可以那么做就够了。所以，我们和孩子之间的关系是互相尊重和平等的，这个空间对家里的每个人都是开放的，孩子可以带着好奇心尽情探索，这也将使他们的胸怀更为开阔坦荡。

灯光越亮对视力就越好吗?

什么样的家才是一个安全的家? 很多父母在打造儿童房的时候,会很重视面料的环保性,也会重视材质的舒适度、柔软度。但是你有没有想过,什么样的光线会对孩子的心理和生理产生积极的影响呢?

我们可以看这样一个案例:一张小小的婴儿床摆在父母的床边,以方便妈妈晚上起来喂宝宝,但是我们会看到,由于是父母和孩子共用同一盏床头灯,这样的光线对于孩子而言就偏亮了,因为小宝宝在妈妈子宫里的时候,视力还没有真正适应强光线的刺激,这样一种光线,不仅对宝宝的视力会产生不良的影响,同时潜在地对宝宝的心理也有一定程度的扰动。当宝宝夜间啼哭发出求助信息的时候,妈妈突然拧开床头灯,就会使宝宝在一阵强光的刺激下受到惊吓,而这种惊吓不被很多父母所察觉,却可能留在孩子的记忆里。

还有的孩子总是越到晚上越兴奋,又蹦又跳不爱睡觉,家长认为是孩子太调皮,其实可能是他房间里的灯光出了问题。假如儿童房里安装大量的、没有重点的灯光,或者是因为最初为了装饰而安装了很多彩灯,这都会令孩子感到烦躁不安或过度亢奋,无法很快入睡。

那么,儿童居室的灯光究竟应该如何设计呢? 总体来说,灯光对于孩子来说要明亮但不刺眼,孩子越小越适合柔光。但若考虑到一些细节就要区别对待了。考虑到大多数家庭,儿童房基本上都兼具了游戏、学习、睡眠等多项功能,所以功能区不同,光线要求也应不同,灯具的选择自然也不同。

游戏区其实也就等于是整个房间,那么使用的就是主光源,光的强度和面积都可稍大一些,光源要朝下以避免有眩光的感觉,但最好选择玻璃罩朝上的灯具,使光经过磨砂灯罩的过滤照射下来,这样光线可以柔和许多,不伤眼睛。款式上可选择孩子喜爱的充满童趣造型的。

学习区光线强度就要适度而集中,太亮会有损视力,又会令他分心,而选择护眼灯,尤其是可调光的那种是比较科学的。

睡眠区的光线要尽量柔和、温暖,这样有助于孩子获得安全感,对睡眠有帮助。但不要在床上方安壁灯,因为近距离的灯磁辐射会对儿童的大脑发育产生不良影响。

当然，为了调节气氛增添效果，你也可以增加一些辅助光源，比如选灯头可调整角度的射灯照向墙壁上的挂饰或画框，形成一种追光效果，使墙面生动起来。

除此之外，灯罩一定要能遮住灯泡，因为这样一方面能避免孩子触摸到灯泡而烫伤；另一方面孩子手指上的油脂会使灰尘吸附在灯泡表面，形成一个薄弱点，会减少灯泡寿命，甚至可能引起灯泡爆炸。

儿童空间灯光要多元化，在不同需要时要采用不同的光源。

其实自然光是最健康、最令人愉悦的光线，所以儿童房要选择采光好、向阳的房间。白天应打开窗户、窗帘，尽可能让阳光进入室内，并让孩子养成早睡早起的好习惯。

可爱、花哨，也许只是你自己的想象

很多家长认为小孩子需要花花绿绿的东西，于是把儿童房刷得特别的鲜艳，还贴上好多卡通贴画，这些其实是家长的想象。小孩子对色彩的感知也是逐步形成的，如果你是自己给儿童房刷墙的话，可以挑选温暖的颜色，但

4 岁的孩子就可以让他自己来布置自己的小房间，培养他的审美情趣。

是色调不能太艳，明度不能太高，为学龄前的儿童可以挑选桃粉色，一进房间让人感觉很舒服、温暖。随着孩子年龄的增长，墙的颜色也要逐渐变化，从温馨的暖色逐渐过渡成更加知性的颜色，可依次为粉—桃红—黄—绿—蓝，如果不方便刷墙，可以和孩子一起用水彩画一些大色块的画，或自己动手染一些布挂在墙面上。

当然我并不是说整个房间就一个色调，从墙到窗帘到床单都是粉粉的、蓝蓝的，那样单一的色彩不是真实的自然界的色彩。房间里其他物品可以带有淡淡的其他颜色，比如浅红、鹅黄、嫩绿，只要色彩不是特别浓烈、突兀，对比

不要过于强烈，给人一种炫目和缭乱的感觉都可以配搭进去。

　　大部分家长都想开发孩子的各种艺术才能，但又不想让屋子里杂乱无章。一个很好的建议就是把家里分出一些角落，比如美术的角落，把蜡笔、水彩、笔刷、纸张、涮笔筒等绘画材料集中在一起。码放的基本原则是方便孩子拿取自如。还有音乐的角落，码放一些小小的乐器，沙锤、小手鼓等。还有阅读的角落，放着孩子的书和小凳子，还可以有手工角落、过家家角落等。屋子分出区域，物品分门别类摆放，也有助于孩子收拾的时候知道什么东西该归还到什么地方。这样孩子有了很强的自由度，他可以随时在游戏中实现大人所谓的学习目的，时间长了还会培养起孩子规划整理的能力。

塑料玩具、人造布偶是多多益善吗？

　　家庭中要尽量给孩子提供天然的东西。有很多人以为孩子们就喜欢那种花花绿绿的东西，于是买很多色彩特别鲜艳的塑料制品。一方面很多塑料制品的安全性不大可靠，另一方面，这些是人造的假东西。幼儿的感官处在发育和形成的时期，他需要真实的材料，才能获得真实的感觉。如果总是接触人造的假材料，他会失去感官的敏锐性，逐渐变得不再相信自己的感觉。所以，不管是在儿童房还是家里，尽量少用那种人工材料，而是要用纯天然的木质、藤或棉麻等材质，这有利于培养孩子细腻的触感。

　　现在孩子生活在城市，对季节的敏感没有那么明显了。但是人毕竟是一种动物，他要跟自然联系在一起，他才能对生活有亲近感。你可以在家里布置一个"季节桌"：在桌子上铺上一块美丽的丝绸，颜色不要太艳丽，淡淡的即可，

自然的美丽胜过一些人工雕琢，尽量让孩子从自然中感受美、体验美。

你可以和孩子一起染，并且根据季节更换颜色，比如春天用绿色，夏天用蓝色，秋天用黄色，冬天用浅浅的鹅黄，上边摆放与季节相关的物品，比如秋天可以摆放玉米、小南瓜、毛栗子，冬季可以放松果，还可以摆放一些路上捡来的小石子、海边拾来的小贝壳，最必不可少的则是自己制作的小娃娃或者小动物，这样就能摆出有趣而温馨的情调来。

你还可以在家中某些角落放一些小石子，或者捡来的贝壳，小孩子会拿石头或贝壳去摆他想象中的很多图画，这可以充分调动他的想象力和创造力。

所以对于家长来说玩具可以少买，尤其少买那种塑料的现成的玩具，因为那种东西只有一种玩法，孩子玩几天就觉得没意思了，扔在他的玩具箱里，因为这不能给他足够的想象空间。

摆放越多的植物就能带来越多新鲜空气？

现在的家长都会高度关注孩子的身体健康，希望这个家里的温度、湿度、空气质量乃至于家具的舒适程度，都尽可能照顾到孩子的成长。但是作为家长，从自己内心出发，竭尽全力所做的种种安排，是否一定对孩子的健康有利？这还是需要仔细地斟酌。

很多家长认为，在孩子的房间里放一些植物或鲜花，可能会使房间氧气含量更高，也会净化室内空气。但是有一些植物是绝对不可以放在房间里的，因为它们不仅不会释放出对人体有益的气体，反而会释放很多有毒、有害的气体，而小孩子的心肺只需要吸入很少的量，就足以受到伤害。所以谨慎选择植物，是家长要关注的一点。

那么，有哪些我们常见的植物会对孩子的健康不利呢？首先，像万寿菊、驱蚊草等植物的特殊气味会通过呼吸系统给宝宝造成不适。漂亮的茉莉花、丁香、水仙等也会降低人的嗅觉和食欲，甚至引起头痛、恶心、呕吐等症状。另外，小孩子爱往嘴里放东西，如果误食一些花草就更危险了。比如万年青的枝叶含有毒素，婴幼儿不小心把它的汁液弄到皮肤上就可能出现瘙痒、水肿等症

植物不要放在儿童的房间，放在阳台、花园或一些公共区域会更合适。

状，一旦误食，更会直接刺激其口腔黏膜，严重的还会使宝宝喉部黏膜充血、水肿，甚至造成呼吸困难。如果小朋友误食水仙花的茎会发生急性胃肠炎。类似的花卉还有夹竹桃、茉莉花、龟背竹、郁金香、月季花、银杏、含羞草、马蹄莲、仙人掌、洋绣球、报春花等。另外，孩子的新陈代谢旺盛，需要有充分的氧气供应，而花卉在夜间却会吸进新鲜的氧气，吐出二氧化碳，所以即使房间里摆放的不是有毒花卉，也建议家长在晚上的时候把它们移到室外。

除了考虑有利于孩子身体健康的各种家居安排，一个孩子，尤其是在入学之前，他的心理健康也会被整个家居的氛围影响。比如说一个家有非常多的隔断，人和人见面需要跨越很多房间，家庭成员之间互相不能看到，这样的格局对于一个尚处在心灵开放的状态的孩子而言，十分不利。而如果一个家有非常多尖锐的物品，包括有一些带刺的植物，这都会使孩子潜意识里接受很多比较极端的信息。如果家里的装饰材质都质感坚硬、冰冷，色系也选取的是冷色，在这种家居环境下培养一个热情、活泼的孩子就很难了。如果你家隔音效果非常差，孩子不仅会很难建立起隐私的观念，同时他也会因为经常被他人扰动，觉得侵入他人的空间是一件很平常的事情。

所以，在重视孩子身体健康的同时，不要忽视他的心理健康，否则孩子也会挑一些他认为的合适时机，做一些小小的叛逆，而这种心理如果带入青春期就会很麻烦。

整洁是好家居必需的"标准"吗？

有的时候，家长希望孩子保持整洁的习惯，房间可以变得干净、有条理，但是那些顽皮的孩子会把物品丢得满地都是，甚至可能穿着鞋从外面直接跑进屋里，带进很多病菌。又有可能孩子直接席地而坐，东西乃至食物都放在地上随时触摸，还会把球拍扔到干净的沙发上。这些行为都会让家里杂乱无章，还可能会导致孩子感染一些细菌。那作为家长又如何来调整孩子的各种生活习惯呢？

比如，家长可以在很多地方摆放上消毒纸巾筒，方便孩子在吃东西的时候随时抽取。或者，选择使用颜色浅淡的面料，否则孩子会因为未看出被自己弄脏的痕迹而意识不到自己调皮的后果。或者，我们可以不特别要求他整理，但可以要求他把使用过的东西归位。当然，如果你为他准备一些有趣的盒子，孩子也会乐意把他的宝贝收藏好。而最重要的是家长自己要以身作则，因为一般情况下，如果整个家都是洁净明亮的，孩子长期生活在一个有序的空间里，是不会太离谱的。

现实生活中，很多家长都抱怨说，有了孩子家就注定乱七八糟，然后就会用训斥的方式对孩子说，"不许坐在地上""不许从地上抓东西吃""不可以用脏手摸床单"，甚至直接说："都是因为你，家才会变得这么不像样子！"甚至连孩子生病拉肚子后给他吃药时还会甩下一句："活该，都是你自己乱吃脏东西！"这些言语会引发孩子强烈的不满情绪，甚至会因为烦躁、抵抗而产生恶意破坏的举动。

大人尽量把家中清理干净、整洁，孩子就可以更自由地在家中活动、玩耍。

所以，作为父母最好首先做好细致的安排，把大环境理顺，使孩子不需要在高度警觉、极力克制的心理状态下也可以规规矩矩，那样你才会真正看到期待的效果出现。

懂得隐私是好事，早早"划清界限"反而不利

孩子小的时候为了喂奶方便，需要跟父母睡在一起，断奶之后应该让孩子逐步适应自己睡。隐私的边界从孩子跟父母分开睡起就要逐步建立。父母要尊重他的空间，这样他才会尊重你的空间，因为他在模仿你。

帮助孩子建立隐私空间的意识，并非用嘴告诉他，他就能明白，而是需要让他有亲身的体验。一个很好的做法是给孩子建立一个私密的空间，父母可以买那种现成的室内小帐篷，也可以自己动手，用小架子和布帘子给孩子搭建出一个小"洞穴"，这个空间仅仅属于他，成年人必须经过批准才可以入内。你会发现，每个孩子都会特别喜欢并珍爱这个私密的空间。他会起劲儿地把自己心爱的东西搬进去，邀请亲密的朋友钻进去玩儿，或者他生气的时候会一个人趴在里边不出来。这是孩子童年最宝贵的体验之一，我们家长一定要尊重孩子的这种权利。

无论是小"洞穴"还是儿童房，我们要跟孩子说好，这是他的空间，根据他的年龄和能力，请他学习自己收拾这个地方，培养他的生活自理能力。即使开始他还不能做到完全由自己料理，起码他要参与，告诉他这是他负责的地方。有了责任感之后，他才会有主人的感觉。让他把自己的换洗衣服、毛巾、玩具等都放在自己的空间里，帮助他逐步建立起对自己空间负责的意识。

当小宝宝会跑的时候，他非常希望跑进陌生的空间，但是当遇到打雷闪电的时候，他第一个想到的是跑进父母的房间，因为在这个房间里，他从小婴儿慢慢长大，体会过这个房间带给他的温暖，他在父母床上听到过很多故事，这些都会储存在他的记忆里。所以这个空间对他而言意味着安全感、爱、温暖。如果父母认为这个房间随着孩子的年龄增长，将对孩子关闭，那么孩子从出生与父母建立起来的这种温暖记忆，也在不同程度上被阻隔了。

隐私的保护，并不是对孩子关上房门，而是告诉孩子爸爸妈妈很愿意和他在这个房间里面聊天、交流，因为他就是在这个房间里长大的，但有一些时间孩子不可以进来，这并不是爸爸妈妈不接受他，而是爸爸妈妈也需要有自己的空间。孩子已经长大，需要逐步建立起自己的生活空间，尽管那可能只是一个儿童房。

PART

04

Home

家长不可忽视的五大家居问题

安全——没有安全感，何谈聪明？

安全的家居有着各方面的要求，比如家具的材质、高度、耐用性、摆放的角度和位置等。除此之外，更要从各种细节去考虑家人的生活习惯，尤其是对家中的宝贝们，年幼的宝宝不能离开父母的视线，需要无时无刻地照顾；已经成长起来的孩子需要独立的空间，但又有许多事情需要父母替他们完成，这时父母要站在孩子的角度替他们完备生活中的各种琐事，千万不要以为大人知道的危险，在反复叮嘱孩子多次后，他们都会记住、明白。

未成年人的居住空间主要是由家长布置，一些不妥当的安排直接威胁到孩子的安全，这种安全不仅包括身体上的，也包括心理上的，一些知识和经验上的盲区会使居住的隐患未被察觉，以致威胁到孩子的生命。随着孩子的成长，家长要注意和孩子经常进行沟通，了解孩子的需要，不断调整，以使居住空间更益于孩子身心健康。

当你做出各种家居安排时，一定要符合孩子的成长规律和个性特点。如果父母强制孩子服从自己的喜好，孩子很难在家中产生彻底的归属感，还可能因此和父母疏离，或埋下日后冲突的种子。

● 小心窗台边的安全隐患

前段时间在办公室听一位同事说，他们小区有个孩子从六楼窗户掉下去了，我们真是把心揪得紧紧的，好在后来听说孩子非常幸运，只是一条腿骨折了，没有大碍，真是要祝福他。

很多家长都有这样的经历，在孩子很小的时候让他们坐在窗台上看风景。

"看，这是什么车？什么颜色的呀？"

"别闹了，我们去看看爸爸妈妈回来没有？"

"那片云像什么呀？"孩子对窗外的世界多了很多认知，这里好像已经成了他看世界和学习的窗口，当他在家待闷了的时候，就想趴在窗户上，看看外面的精彩世界。

殊不知，这样的观景方式是有安全隐患的。一旦孩子习惯在窗前活动，那么发生意外的危险指数自然会升高。然而，现代社会高楼林立的生活环境又不可避免地促成这样的情景频现于各个家庭。那么，无奈之下，我们只有想些办法努力去降低风险。好吧，现在，就请你放下书，马上清理一下窗前的物品，不要形成"椅子—桌子—窗台"这样的阶梯式的码放形式，以防止孩子自己也能爬上窗户。其次要注意，大人每次开关窗户后都要及时锁

你需要了解的孩子的需求包括：

1. 孩子的身体发育对行为的影响，例如不同年龄段的孩子在家中的活动内容会发生什么样的改变，这时就要做出相应的安排。

2. 孩子的身体发育对心理的影响，例如不同年龄段的孩子对父母的感情需求和交流方式会发生什么样的改变，这时就要做出恰当的回应。

3. 孩子由个性带来的某些偏好，例如色彩、图案、造型等。

上，避免孩子轻易推拉窗子。当然，最重要的还是要在平时反复地对孩子讲贴近窗户可能会发生的危险，要令他在心里对这件事足够敏感、足够重视。

🌸 父母手记

我家的房子有一扇大大的玻璃窗，是房子建成时就有的，这是普遍户型都有的。我在窗前设计了一个地台，经常坐在上面喝茶看书，晒着阳光很舒服。有了孩子以后我就很少使用地台了，但有一次孩子自己爬了上去，还伸手打开了纱窗，虽然窗子锁死，他没能打开，但这也把全家人吓出了一身冷汗。

🌸 设计思路

1. 大落地窗的房子确实美观舒适，采光也好。为了保证孩子的安全，第一，建议在窗内加上护栏，如果在低处有开窗，为了安全最好在孩子玩耍时锁死。第二，将孩子的主要活动区域控制在房间的中心地带，在远离落地窗的地方给他布置一个固定的游戏空间，转移孩子的注意力，这样也养成了孩子在固定区域玩耍的好习惯。

2. 窗前不要放任何与孩子有关的物品、玩具，这样他就不会经常走到窗下去拿自己的东西。

3. 如果孩子想去窗边看看窗外的风景，一定要有大人的陪伴。

❤ 家居改造小贴士

窗前的沙发：用家具将落地窗挡住，让孩子没有走动的空间，这样就能有效减少危险系数。

地板：地板要时刻保持清洁，因为在孩子上小学之前都特别喜欢坐在地上玩耍。

窗子：可开关的窗户尽量避免平开式，下悬式最安全，因为这种窗户从上面开启，孩子也无法钻出窗外。

茶几：尽量不要在茶几上放置玻璃杯、易碎的水壶和开水，孩子还不懂得躲避，这些都是隐藏的危险。

❀ 真实分享 •

阳台是一个家庭对外"沟通"的窗口，一般都体现了主人的审美情趣，而植物几乎是必不可少的装饰。李女士家的阳台摆了三个大花盆，几乎把整个阳台的空间全占满了，枝叶挨挨挤挤，看起来异常茁壮繁茂。除了体现出生机和蓬勃的感染力，李女士还考虑到了家人的安全问题，尤其是孩子，在阳台上探头玩耍其实很危险，用大植物把阳台围合起来也起到了安全屏障作用。植物的选择不用很高，这样就不会遮挡阳光，也不会遮挡孩子的视线。女儿可以站在花的后面眺望窗外的风景，这个处理方式简单、易于实施又很有效。

• 做好收纳，避免小零碎被吃孩子进嘴里

孩子一旦开始走路并对外界事物产生浓厚兴趣，手头的动作是很多的：他们会拍打玻璃，拿不住东西的时候会用小胳膊横扫桌面，放不稳东西的时候会扔在地上……种种的"不良"举动都可能存在危机，而更危险的是孩子用嘴来尝各种新鲜物品。

北京儿童医院在春节长假的 7 天里总共收治了 10 个气管异物患儿，其中一个 3 岁的男孩，声门下卡着半个开心果壳，孩子来到医院时面色青紫、生命垂危，医生想了很多办法，才把果壳弄碎，一片一片地夹出来。类似事件的发生以 2 ~ 3 岁婴幼儿居多，占到 90% 以上。孩子的喉及气管是很敏感的且保护性较差，而孩子的好奇心却很强，他们总是喜欢用嘴去"感知"陌生的东西。所以，家中随意摆放或散落的小物件，对孩子而言可能就是危险品。不过，用嘴"尝"世界就是小孩子的天性，只是当你发现孩子有这种危险举动时，不要太过紧张，尤其不要立刻大声阻止他。因为一旦他为了躲避你而逃跑，或者以为你在逗他而更迅速地把东西吞下去，都可能发生意外。

如果真有东西卡在孩子喉咙里，也不要慌，可以让孩子背靠着坐在家长腿上，家长双手有节奏地挤压孩子的上腹部，借助腹腔压力冲击胸腔，使异物从喉部冲出来。对特别小的孩子，可以拍其背部，使异物进入支气管，从而先缓解异物造成的呼吸困难。如果出不来，一定尽快将孩子送到有条件的医院救治，不要贻误病情。

· 🌸 父母手记 ·

刚刚有了宝贝，看着他能逐渐摇晃着走路，真是很开心，但同时家里的危险系数也提高了。自从孩子爬行开始，他的活动范围就开始加大了，而此时，所有东西对他来说都是新奇的，妻子又总是不想把她从各地淘来的宝贝收起来，我觉得这样非常危险。

· 🌸 设计思路 ·

如果你的家人不愿意收起那些漂亮的装饰品那就要将家中的一个面积稍大一点的区域固定为宝贝的地盘。为了应对他们旺盛的好奇心，还要把过于零碎的物品和易碎品打包装箱，同时正确引导孩子认识家中的各种器具，给他们讲解什么是他的玩具，什么是危险品。纽扣、硬币、纽扣电池等，都有可能是孩子的"食物"，家中要多准备几个盒子放置这些小物品。特别是电池，现在孩子的很多玩具都需要电池，许多玩具装电池的槽上都有个小的螺丝，有些家长会偷懒，安了电池后不把螺丝拧上，其实这非常危险，特别是纽扣电池，如果不小心吞食，电池很快会把孩子的胃灼伤。

还有一点要提醒大家的，有的家长在孩子玩具太多时就会增加玩具架的高度，但玩具架太高，稳定性就容易变低，从而使孩子在拿放玩具的过程中发生意外，当孩子还小时，玩具架的高度最好以儿童能够自由取放为标准高度。

如果你家的墙上有隔板架，或者有展示柜，也要进一步检查是否做好了固定，上面不要放太多的东西。宝宝们在无法站稳或想看得更高、更远时，就会随时把隔板作为最好的支撑物。

 家居改造小贴士

客厅地面：客厅会是宝宝最重要的活动空间，要把这里处理得简单一些，把一切多余的装饰都暂时收起来。

收纳盒：一些过于零碎的物品可以放到收纳盒里，这样对于孩子来说既安全又整齐。此时，宝宝的玩具、用品已经太多了，稍微不注意收纳整理，客厅就会非常杂乱。

书架：可以把宝宝的图书放得低一些，方便孩子自主拿取，而大人的图书可以放在相对较高的区域，以免被损坏。

餐桌：这种摆放非常危险，如果宝宝一拉台布，餐具就会掉下来，还是及早收拾起来吧。

🌸 **真实分享**

琬瑜想跟大家分享的是铺桌布的注意事项。家里有个柜子，挺高，上面摆着一些家人的照片，琬瑜常常会抱着宝贝昱齐看照片："这是谁呀？""看，宝宝小时候还吃臭脚丫呢。"有一天，昱齐自己在地上爬，扶着柜子慢慢站起来，然后伸手拽桌布，把柜子上面的东西全拉下来了，还好，上面没摆很多东西，照片掉了一地。妈妈抱起女儿，问："昱齐是不是想看照片呀？""嗯。"小孩子其实都很聪明，他们在拿不到他们想要够到的东西时会想很多办法，不信你试试，把他放在床上，把一本他想要看的书放得远一点，他一定会拉动床单，把那本书拖过来，这是孩子们的聪明，但我们就要做好防范了。

● 告诉宝贝，不要对厨房太着迷

　　厨房对于学龄前儿童来说是个危险的地方，尤其在空间相对小的家庭。厨房内的电器设备多、电源多，这里的刀具、盘碗、水槽……在他们眼里是很有挑战性的高级玩具，这些都有可能对他们造成伤害，相比磕碰来说，厨房中其他的意外伤害有可能会是致命的，所以在孩子学会走路以后要对厨房进行全方位的防范。

🌸 父母手记

我们经常有这样的经历：在做饭时，宝宝会推开厨房的门来探望我们，有时他会好奇，想知道爸爸妈妈在给他做什么好吃的，有时他会是因为寂寞制造一些非常紧急的事件请你马上帮他解决。经常我们会在爆火烹炒时不得不关火，哄着孩子赶紧走出厨房，菜的味道受影响是小事，如果把孩子烫到，那可就麻烦了。

🌸 设计思路

让孩子没有好奇心是不可能的，但也不是所有的家庭空间都足够的宽敞，那怎么办呢？那就给他一个观望的地带，比如把厨房用隔断做成较为开放的空间，或者做成中西风格相结合的，备餐时可以让孩子在餐厅里。另外，一定要告知孩子哪些东西是非常危险的，哪些物品会对他造成伤害，刀具可不是玩具。

❤ 家居改造小贴士

玻璃墙：让透明的玻璃代替墙壁，可以让厨房内外的交流变得明朗，孩子如果想要了解爸妈在做什么，也能一目了然。注意选用足够厚度的玻璃，避免孩子在拍打时破裂。

橱柜：柜门上尽量少安把手或选用内藏式的把手，孩子在停靠时不会被硌到，而且他们的力气还不足以打开相对沉重的柜门，这样相对来说比较安全。

烤箱：将烤箱等温度高、危险性大的电器设置得高些，让孩子不能轻易碰到，如果设置上达不到，可以将柜门弄得紧一些，让孩子没有足够的力气打开，并且在使用后注意及时断掉电源。

玻璃拐角处：如果是玻璃的门墙，注意尽量将拐角处做成钝角，这样，不管大人孩子都不会因意外碰到而受伤，同时也能减少空间的浪费。注意要在玻璃上做些标注，以免误撞。

● ❀ 真实分享 ●

在我 5 岁的时候，记得是快过春节了，早晨妈妈在缝纫机前抽空在给我们做新衣服，爸爸在喂小松鼠，当时还没有煤气，火上坐着一壶水，听见水开了，我想表现一下，帮爸爸妈妈干点活儿，从火上就把一壶开水提了下来，结果大家都能想象得到，一壶开水，全洒在了我的脚上。我已经忘记了自己当时是怎么被送进医院的，只记得医生把黏在我脚上的袜子脱下来时那种撕心裂肺的疼，当时自己真的很有出息，还一边哭一边哄哭着的妈妈："我不疼，妈妈你别哭。"这段记忆在妈妈和我的心里都是一段抹不去的伤痛。因此，当有了孩子后，我们就很害怕他进厨房，每次做饭，我们都会把门关得紧紧的。等他稍微大一点儿，五六岁的时候，就对大人做饭很有兴趣，你越是关着门，他越要推开看个究竟。有一次我正煮饺子，他非要让我抱着他看看锅里的饺子怎么就叫煮熟了，怎么劝他都不行，我当时一闪念，这次一定要让他知道什么是危险，以后他就不在做饭时缠着我了。我把煮好的饺子盛出来，等锅不太烫了，(我先摸了一下，确认不会把儿子烫伤)，就拉着他的手摸了一下锅。儿子一下子就把手抽了回来，想哭，但是他心里明白，是因为他老要吵闹着进厨房，妈妈才让他知道什么是危险，所以他的眼泪在眼里打着转，没哭出来。我当然也心疼，但是从这以后很久，儿子都不会在大人做饭时再闹着进厨房了，更不会随便动厨房里的东西。

● 儿童洗澡，大人一定要陪同

当孩子两岁以后，婴儿专用的洗澡盆就有些小了，而采用淋浴的方式让水流从上倾泻而下，小孩子在刚开始的时候会有些害怕，这时可以将淋浴喷头取下，慢慢地在孩子身上冲洗，也有很多父母会选择让孩子在浴缸里洗澡，既温暖又可以在水中做些小游戏，把洗浴变成欢乐的亲子时间。

浴室是非常重要的生活空间，孩子从出生被父母抱着洗浴，到后来由父母陪同在浴室中洗浴，到有一天自己独立洗浴，在这个过程里。一方面我们建议父母不要单独留 8 岁以下的孩子在卫生间，以防发生各种危险，另一方面我们建议父母要及时训练孩子独立完成大小便的行为，而不能很长时间都依赖父母。

❀ 父母手记 ·

我们家原来就有浴缸，现在孩子大一点了，也要使用，我们想对这个区域做一些简单改造，保障孩子的洗浴安全。

❀ 设计思路 ·

首先我们建议你增加几级小台阶，这样就不用每次都抱着孩子进出浴缸了。因为孩子洗完澡身体会很滑，从浴缸中把孩子抱出来很容易脱手，造成孩子的磕碰。另外，建议你将台阶和浴缸台面做成木制的，这样孩子光着小脚丫踩上去不会很冰凉。家有幼童，浴室的门平时要锁好，据调查，10～18个月的婴儿有 35% 能自己爬进浴缸，而且大都是头朝下栽进去的，有男孩的家庭尤其要小心，因为男孩比女孩爬进浴缸的比例更高。还有一点需要提醒大家，家中所有房门的锁都要换成可以双向打开的，如果孩子自己误锁房门又突然遇险，这种可以里外都能打开的锁有利于及时救护。

❤ 家居改造小贴士

台阶：在浴缸旁安装台阶，可以扶着宝宝进出，降低大人抱着孩子出入浴缸的风险，因为大人在抱着孩子时视线总会有障碍，再加上孩子身体滑，反而有危险。

台面：木质的台面看起来温和，比瓷砖更加防滑，而且温度比较稳定，孩子踩在上面不会冰到小脚丫。

瓷砖：地面砖要选择防滑地砖，地面有水的时候，即使大人拉着孩子，都会有滑倒的可能，防滑地砖可以降低这种风险。

龙头开关：在设计之初就选择可控温的水龙头开关，这样避免孩子自己乱动时被热水烫伤，或者干脆将龙头位置略微抬高，让孩子够不到。

● 🌸 **真实分享** ●

　　我儿子两岁了，特别喜欢游泳，冬天不能去游泳池，他就特别迷恋在浴缸中洗澡的时光，每次洗澡我都会选很多玩具陪伴他，有小鸭子、水枪，有时还会有各式各样的小汽车、兵人、塑料小桶。冬天每次洗澡前我们都要先开着浴霸为浴室增温，但是冬天的洗澡水温度很快就会变凉，每次我都要反复催他好几次。有一次，我忘记给他拿睡衣，去他房间取，就听见他哇地大哭起来，我赶紧冲进浴室，看见儿子已经从浴缸里窜了出来，水龙头竟然哗哗地往外流着热水。天呀，他竟然自己拨弄热水开关，把胳膊都给烫伤了。

　　从那以后，他每次洗澡至少要留一个大人在浴室里，因为 7 岁以下的孩子，很难判断手柄所处位置与水温的关系，后来我们安了一个有水温设定功能的手柄，这样，即使孩子自己加水，出水也是 38℃，不会给孩子造成伤害，我们也不用担心他被洗澡水烫伤了。

● 家具，够结实才够安全

轻巧的家具固然好用，但如果家里有了孩子，就要考虑家具是否耐用了，那些淘气起来像小魔鬼的宝宝们破坏力是超乎我们想象的：把床当做蹦蹦床，或者从一件家具爬到另一件上去，发泄他们旺盛的精力。

儿童床以取材天然的原木木板床或较硬的弹簧床为宜，因为这类床无污染，也不会对孩子的骨骼成长产生影响。床架要结实，一般情况下，传统榫接的相对牢固，当然，设计与工艺高质量的螺丝固定得也会牢固，但需要家长观察一下螺丝的大小与材质的硬度。另外，家长最好定期检查一下床的接合处是否牢固，特别是有金属外框的床，螺丝钉很容易松脱。

床的高度要相对低一些，方便孩子上下，即使不小心掉下来也不会受重创。而上下分层的床最好加装护栏，且栏杆间距不能大于孩子的半个头，这样既可以保护孩子不会跌落，也能防止缝隙不合理夹到孩子的头。至于双层床的上下踏板，家长要特别注意观察其踏步间距是否与自己孩子的身高匹配。

✿ 父母手记 •

孩子的精力旺盛，他的小座椅竟然被他晃来晃去最终晃散架了，从这以后我们就开始检查家里其他家具的耐用性了。家具坏了还是小问题，关键是要及时避免对家人、孩子造成危险。

✿ 设计思路 •

结实的家具不等于笨重，结实耐用意味着品质有良好的保证，并且使用的材料安全健康，这才是对家人和孩子最大的保护。玻璃家具最不适合使用在有孩子的家庭内使用，除非玻璃达到一定的厚度和强度，而木质家具要比藤、竹类家具光滑、沉稳。

♥ 家居改造小贴士

床：儿童床选择第一要环保，第二要安全，第三是美观。

床头柜：小件家具更多地要体现细节，一抹蓝色，使沉稳的木色变得活跃。但在款式选择上切记要挑选圆角收口的，否则尖锐的顶角很容易对睡觉不老实的小孩子造成伤害。

地毯：地毯、床品、窗帘包括装饰品，要控制在统一的色调中，而且选料要纯天然，比如羊毛地毯、纯棉床单等，这样，儿童房才能既和谐美观又环保健康。

柜子：一定要有足够的收纳空间，最好是有不同大小的格栅做空间划分，这样方便把他的小零碎分类储存。另外，柜子的把手要选择内陷形设计的，否则突出的把手对经常乱跑乱撞的孩子是一种危险。当然，更不要在柜子上加装镜子或装饰玻璃，这也是很危险的。

✿ 真实分享 •

明星胡静的宝贝儿子还很小，所以对于胡静来说，安全的居住环境需要她加倍细心地打造。胡静虽然喜欢时尚，但为了孩子，她还是尽量避免了所有可能对孩子造成伤害的家具。她会尽可能地选择曲线设计和圆角收口的家具,而且不追求过多的装饰,摆设也尽量简单。而且,从孩子成长的角度考虑,她选购的家具很多是比较厚重的。比如床,她认为孩子长大后喜欢在床上蹦来蹦去,所以一定要结实耐用,连床垫都应该是偏硬的,过软的话孩子容易崴到脚,甚至失去重心而摔倒。至于桌子、柜子类的家具更要选择材质厚一些的,这样,孩子不可能移动,家具不会被轻易碰翻,就不会伤到孩子,而不能认为较轻的家具倒下来分量轻一些,那样的思考角度是错误的。另外,在胡静看来,要给孩子的是一个既要身体健康,更要心理健康的生活环境。所以,她还特意选择了一些色彩缤纷的小巧的布艺收纳箱摆放在角落里,她想要培养孩子良好的生活习惯,比如玩过的玩具自己放回原位。胡静认为培养孩子爱护环境的意识是应该从爱护家居环境开始的。

• 让家具矮一些,孩子更安全

孩子在去幼儿园之前,家基本上就是他的整个世界。在 1 岁时,他开始学习走路,跟跟跄跄超级可爱,对于做父母的来讲,孩子的每一步都充满了欢喜,可同时又累得腰酸背痛。如果家具能低一些,孩子就更容易拿它来做支撑物,扶着它来走路,或者跌倒后扶着它站起来。两岁时孩子觉得自己能在家里到处走了,自由了,探索意识更强了。他渴望知道妈妈在桌子上都放了什么东西,他可不希望每次还要喊着妈妈抱抱才能看清家中的好东西。三四岁是孩子最闹的时候,哪个孩子没有从这张沙发蹦到那张沙发,把床当做蹦蹦床的经历?所以,尽量减低高度吧,别把淘气的宝贝摔伤了。

高大的家具会在孩子玩要中增大危险性,同时大人也要抱着孩子上上下下,会很劳累。如果家中有太多高大的家具,孩子的自由度就会受到限制,从而影响他的探索精神和独立性。同时,这也会让他感觉很压抑,想想我们自己,如果总是处于高大物品的包围中,会不会很憋闷?所以,为了孩子,要尽量降低家具的高度。

• 🌸 父母手记 •

宝宝活泼好动、精力无限,经常能把我们大人累得浑身瘫软。沙发、床经

常会成为他玩蹦床的地方，几个连在一起的柜子有时也成了他练习翻山越岭的工具。为了避免孩子出现意外，基本上都是要有一个人时刻留在他的身边。我们想通过调整家具来减少家中的一些危险。

· 🌸设计思路 ·

　　孩子房间内的家具都会按照儿童的身高来选择，但公共区域内的家具就要考虑其他家庭成员是否方便使用了，全部替换的可能性并不是很大。我们可以适当地选择一些孩子活动极为频繁的区域，比如客厅，将沙发等换成低矮的造型，或者卸掉沙发腿，降低沙发的高度，最好能不超过 40 厘米。一些组合或吊装的柜子也可以适当降低高度，改变组合的方式，这样孩子使用家具就不会困难了。像餐桌、餐椅等可以暂时不考虑，因为有专为幼童准备的餐椅，更适合大人喂饭的需要。

💗 **家居改造小贴士**

小垫子：准备一个孩子用的垫子是非常必要的，每一个孩子都喜欢坐在地上玩他的那些玩具，小垫子不会让他的小屁股着凉，也更干净。

落地灯：有一定高度但又有倒下危险的家具要放在孩子不会轻易碰到的地方，所以要防止宝宝好奇摇晃，避免倒下造成的伤害。

地面：孩子还在幼龄时，都不喜欢穿鞋子，木地板、地毯可以让他们的小脚丫不会着凉，在地上玩耍时更不会冰了小屁股。

🌸 **真实分享**

小林有一个 1 岁的儿子皮皮，为了能照看孩子，爷爷奶奶也搬来和他们一起居住了。皮皮刚会走路，磕磕绊绊的样子简直太可爱了。为了避免儿子摔倒磕在家具边沿上，小林把家具都用泡沫包了边，虽然看上去不太好看，但在这个特殊阶段，孩子的安全是最重要的。客厅是布艺的宽沿沙发，相对年龄很小的宝宝还是很安全的。茶几可是个危险的隐患，而且在客厅中央也很碍事，干脆就挪走了；电视正好结婚多年也该更新了，就买了液晶电视，选择壁挂式安装的方式，取消了电视柜。这样稍加更改，从各个方面排除了孩子被磕到、碰到的可能性，客厅虽然看起来有点空旷，但是扩大了儿子的玩耍空间，这对于整天要在家的孩子来说是很重要的。

客厅与餐厅、书房在结构上他们处理为开放式，几乎没有实体墙的隔断，功能分区基本是通过家具的摆放来实现的。这样皮皮不论在哪，都能看到爸爸妈妈，也不会产生孤独感。

还有一点小林特别想与大家分享，他觉得书房比较成人化，有电脑、书柜，调整起来也很麻烦，为了防止孩子学会走路又不知道什么叫安全的时候可能进去而发生一些预想不到的突发情况，或者把辛辛苦苦写了很久的文件，画的图弄脏、弄坏，他们在书房安装了特制的锁，家长进出都会关门，孩子就不会进入这个房间了。

不过，小林也认为，孩子是需要保护的，但也不能保护过度，应该给孩子自由发展的空间。等孩子长大一点，有自由活动的能力的时候，小林会给孩子更多的活动空间。

● 如何让家里的楼梯更安全

楼梯在有小孩子的家里可不能只是强调装饰功能，实用性、安全性此时更重要。

家有楼梯，家长总会想到扶手的安全性，至少要有一边安装扶手，还要经常检查，扶手是否坚固、稳定，如果有松动，就要及时修理。

台阶是儿童锻炼爬的技巧和发现新事物的地方，孩子会独自或跟着成人或大一点的孩子到台阶处。由于儿童的身体处于生长阶段，在上下台阶时不易保持平衡，容易导致跌伤。所以家里的台阶不要放置任何东西，在白天和夜晚时都应该有足够的照明。台阶上如果放有地毯，地毯要铺平且没有毛边，以防止孩子摔倒。

父母手记

我家是错层的格局，楼梯是孩子最喜欢的地方，他总是没完没了地走上去走下来，虽然我们家的楼梯不是那种特别酷的，旁边有楼梯扶手，可是为了孩子的安全，我不知道是否还要对楼梯稍加改造？

设计思路

安装栏杆时要注意栏杆间的宽度，不要宽于孩子的半个头，不然孩子会由于好玩将头伸进栏杆之间卡住。还要注意，如果家里是幼童的话，要让栏杆高于孩子的身高，避免他们攀爬后摔下受伤。金属的花朵栏杆要检查一下是否尖锐，不要扎到孩子。如果使用的是钢丝、金属类的栏杆，就太细了，宝宝抓着会疼，金属材质不仅会冰手，更会打滑，这时需要用布条缠绕、包裹或者索性用大块布料制作帷幔做装饰性围挡。

家居改造小贴士

栏杆：要特别注意楼梯栏杆的宽度，不要超过孩子的半个头宽，孩子不知道什么是危险，一旦头被栏杆卡住，将会有致命的伤害。

台灯：如果楼梯没有安装夜灯，那么就要在楼梯旁摆放一盏灯，在天黑的时候孩子不会害怕，同时照亮道路。

台阶：木地板是楼梯台面的首选，选择材质时要选择亚光防滑质地，台阶高度要小于15厘米，以考虑到孩子的步伐。

窗子：楼梯即使在白天也需要充分的照明，保证孩子行走的安全。

• ✿ **真实分享** •

　　我家女儿两岁多，正是走路刚走稳了想到处溜达的时候，家里的楼梯就成了她锻炼的场所了，走了几次之后她更是不要大人在旁边扶着，你拉着她，她还会推你的手，我们也在多次的观察下发现还比较安全就逐步放手了。女儿从此更加喜欢爬上爬下，可能在她看来世界变大了。楼梯是木地板的，但小孩子在家总是光着小脚丫，在姥姥的坚持下，我们铺了地毯，但是我们对工艺的要求非常严格，仔细检查铺装是否平整，是否有毛边出现，最后一节台阶的地毯还做了封边。以前我们家里有很多特别漂亮的装饰，楼梯台阶两旁也摆着花，女儿自己爬楼梯后我们就把这些东西全收起来了，怕给她带来危险。还有一点是我的一个朋友提醒我的，就是在台阶前最好能铺一个厚厚的小毯子，万一孩子从楼梯上滚落，不至于同地板来个亲密接触，我觉得这一点还是挺重要的，要防患于未然嘛。

健康——好家居
能给孩子的身心双重滋养

　　孩子在幼龄时的生长环境将直接影响到他长大后的行为举止，一个真正健康的家庭环境不但能让孩子避免许多伤害和疾病，更能使孩子在"家"的氛围中感受爱、感知自然，感恩生活。家长若想让孩子拥有这样的环境就要从外在和内在两方面着手。外在，就是保障孩子的身体安全，注意装修材料的环保性，讲究家具配饰的实用性，杜绝安全隐患。而更重要的，也是容易被忽略的是内在，即通过好的家居布置辅助孩子的心灵成长。那么到底如何设计家居环境才能使孩子身心健康呢？

　　第一，明亮的家居环境可以给孩子安全感。所以，一定要尽可能地把采光、通风条件好的房间安排成儿童房，这会使他的心态也健康阳光，而室内灯光同样要明亮而温暖，这样家的气氛才浓郁。

第二，以简单风格培养温和性情，这里特别要强调的是家居用色。很多家长容易把儿童房搞得过于绚丽，而其他空间又完全成人化，这样做容易破坏家庭整体色调的和谐性，使孩子在家中活动时感觉混乱。所以在色彩的定位上要尽可能淡雅，用色也不宜太多，这样才会使孩子的性格平和不焦躁。另外，少

一点家具不但可以留给孩子更多自由活动的地盘，也给了他心灵活跃的空间。家居设计和家具摆放创造的空间留白本身就容易引发孩子的联想，这对孩子想象力的培养是有好处的。而且活动空间大，孩子在体能上的锻炼就充分，身体素质也会得到均衡全面的发展。

第三，接近大自然引发生活热情。户外活动对孩子是最有吸引力的，家长可以利用空暇时间更多地陪伴孩子到郊外去游玩。这不是让孩子接近自然的唯一办法，毕竟我们和孩子更多的时间还是待在家中，所以我们还可以通过家居

布置让孩子在家也能随时感受大自然的气息，这才是最有利于孩子心性培养的。

四季的变化、万物的灵动，究竟如何让孩子在家中感知呢？其实很简单，你可以从花店买回应季的鲜花，换上有当季花朵图案的窗帘、床品……你还可以在花园里种植瓜果，这不仅可以让孩子观察植物成长，还能品尝到时令蔬果的美味。每一天都可以是新鲜的，只要家长花点心思就可以，而这一切对孩子的意义可就大不一样了，他时刻在自然的氛围中感受生命，自然会因为乐趣多多而更热爱生活。

当然，我们还要为孩子营造简单优雅的生活方式。比如，减少垃圾并学习分类。"孩子最容易乱丢东西"，大人们总是这样抱怨，但事实上你会发现孩子们只是乱放东西，如果你告诉他某样东西还可以重复使用，只要放回原处就好，孩子并不排斥和反对。因为小孩子还不能准确识别，有时甚至根本不去识别什么是必须扔的，什么是需要保留的，在孩子的世界里，事物更多的时候只被区分为他喜欢的和不喜欢的。所以，你会发现有的时候小孩子会玩"脏东西"。

从小培养孩子的环保意识其实很容易，更多的时候，他是在模仿你的样子或听从你的指挥，如果你不是总给他变着花样买新东西，而是鼓励他对原有的"宝贝"进行开发改造，那么，不但节约资源，小孩子的创意也会带给你惊喜。另外，像垃圾分类这样的理念也可以在家实施，你可以买不同色彩的垃圾桶，告诉他分别投放，小孩子会因为多了一点变化而更乐意选择环保的生活方式。

妈妈总是觉得孩子的学习最重要，如果还有时间，不如让他去锻炼身体或者去玩玩，而类似收拾房间的事情，总是由妈妈来承担。但是，妈妈是否意识到这会影响孩子对责任和秩序的概念。家长为什么不换个角度想一下，收拾房间不一定就是家务劳动，也可以看作是重新布置房间的游戏啊。墙上歪歪斜斜的相框可以换上他美术课上得了小红花的作业；桌上杂乱的书本可以按照他的喜好分放进多层格栅的小收纳箱。你还可以告诉他扔在地毯上的毛绒玩具如果不能回到玩具箱，其他玩具会不开心，而扔了一床的脏袜子、脏裤子只有把它们统统掩藏进衣物筐，大人才会把它们收走清洗。这样安排你会发现，举手之劳的家务活对孩子来说也不是什么难事，孩子也会开心地感觉到，自己的生活可以自己安排，而整洁有序的房间会让他更自由。

　　每个父母都希望子女孝顺、乐于助人且懂得感恩，而这种美德和品行的培养更多地来自于家庭教育，父母除了言传身教以外，还可以通过一些小方法鼓励并引导孩子。比如你可以购置一些儿童使用的"劳动工具"——小喷壶、小铲子、小剪刀、袖珍吸尘器等等，在你感到疲倦的时候，你对他说希望得到他的帮助，希望他能去庭院里给黄瓜地松松土，去阳台上给花浇点水，还可以用小吸尘器给沙发清洁一下，事后家长千万要记得对孩子说谢谢，这样，孩子才能体会助人为乐和感恩。你还可以给孩子购买一些小红心、小花朵、小贴画等礼物，并对孩子说，当他接受别人的帮助时也可以用这样的小礼物去表达感谢。久而久之，相信孩子会成长为你期待的样子。

• 如何与孩子一起在家享受大自然

　　都市里的人被钢筋水泥桎梏，渐渐疏离了自然，忘记了雨水滋润后草地的味道，也忘记了登高远望时内心的疏朗。为了孩子的快乐与健康，大人们重拾起背包，踏青赏秋，一路欢歌笑语，这个时候人是最放松的。如果有心，与绿意做邻居的想法并不一定要去公园、郊区，在家也可以创造一个小小的绿色王国。院落是最好的场地，我们可以按植物的成长规律来安排种植花草。如果没有院落，阳台、窗台也可以被很好地利用，例如种些香草——薄荷、迷迭香、薰衣草等，或是观赏型圣女果、小辣椒，做饭时放上两片香叶、一小把圣女果，这样健康的一顿晚餐又增色不少。

　　当然，让一个家充满自然气息绝不只是种植花果这一种办法，在家感知大自然的气息也可以被我们人为地设计出来。下面可以给你推荐几个简单实用的小方法：

　　1. 更换窗帘和床上用品

　　这是最简单易行的办法了，现在家居布艺的图案相当的丰富，你完全可以营造出四季变换的视觉效果。想想看，当春天来的时候，果绿色的窗帘是不是比上一季挂着的红色窗帘要清新很多，你还可以在常挂的纱帘上点缀几只逼真的蝴蝶饰品，清晨的时候，不需要开窗孩子就可以感知到春天的到来。秋天的时候，你还可以把床单换成有麦穗图案的，这个小改变会给孩子一种躺在麦田里的感觉。

2. 把大自然的材料搬进你的家

很多家长现在都特别重视开阔孩子的眼界，于是，家庭旅游就成了很普遍的活动。而每一次远足或郊游，几乎都会带回一些纪念品，但大多时候那些"应景"的小物件在旅行归来后就"深藏不露"了。快去把它们找出来，比如从巴厘岛海边带回来的贝壳风铃，就挂在阳台飘窗前，夏风习习的时候，风铃会带来海水的味道。再找出从黄山拾回的松枝，去南京买回的雨花石吧，和孩子一起用这些材料粘贴一幅冬景的画作挂在孩子床前的墙上，不是别有一番情趣？

3. 添置一些自然风格的家饰

充满创意的家居饰品令人欢喜，比如那种有假山、泉水的动感小盆景，如果放在孩子的房间里，他会觉得家是灵动的，认为这个"家具"更像玩具。微微的湿气不仅可以调节室内空气，更会让孩子有置身大自然的感觉。你还可以买回几块人工草皮放在孩子房间的一角，让他自己用积木在这块"草坪"上为玩具箱里的毛绒小动物盖一个家，再用其他玩具把草坪布置成他心目中的动物游乐园，这不都是培养他的爱心并发挥他聪明智慧的好方法吗？

父母手记

　　我们是三代之家，考虑到老人和孩子出入方便，买房子时就选择了一楼，正好附带了一个花园，老人很喜欢种花种草，就是夏天很容易惹来很多的小飞虫，蚊子也很多，我们希望得到一个美丽的花园，又能少些蚊虫的侵扰，这该怎么办呢？

设计思路

　　现在花卉市场上的花草种子品种很多，父母不妨买些可以驱蚊的花草来种植，例如：驱蚊草、食虫草、猪笼草、薰衣草、柠檬桉等，这些花草既能驱蚊，又具有观赏价值。孩子尤其对猪笼草、食虫草这样的植物感兴趣，他会一大早跑去看猪笼草又捕捉了什么猎物。老人通常还喜欢在院落里种植蔬菜，如芹菜、香菜、丝瓜等不容易生虫的蔬菜，这种改变既能让孩子参与到种植的活动中，又能获得满足感，一家人还能吃上健康有机的新鲜蔬菜，真是一举多得。

　　如果没有花园，在阳台、室内，你同样可以营造自然的家居环境。但儿童对于花草的过敏比例远远大于成年人，因此家长在选择植物时，一定要十分慎重。诸如广玉兰、绣球、万年青、迎春花等花草的茎、叶、花都可能诱发孩子皮肤过敏。仙人掌、仙人球、虎刺梅等浑身长满尖刺,极易刺伤孩子娇嫩的皮肤。其次,由于年纪小的孩子没有防范意识,会抓食一些新奇的东西,而某些花草的茎、叶、花都含有毒素,例如万年青的枝叶入口后会导致吞咽,甚至呼吸困难,要是误食了夹竹桃即会出现呕吐、腹痛、昏迷等种种急性中毒症状。又如水仙花的球茎很像水果,误食后会出现呕吐、腹痛、腹泻等急性胃炎症状。许多花草,特别是名花异草,都会散发出浓郁奇香,而让孩子长时间地待在浓香的环境中,有可能减退他们的嗅觉敏感度并降低食欲。由此看来,如果不慎养了这些植物,对宝宝健康将会是一大危害,需要尽早处理。

 家居改造小贴士

　　盆栽:盆栽植物因体型较小、适于移动,所以最方便种植,无论家中空间大小都应该有它们的一片新绿。

　　卵石:外出郊游时捡回的卵石也能成为院落里的风景。

　　南瓜:亲自种植出的南瓜,一时吃不了,不如摆放出来,看着都满心欢喜。

　　大型植物:院落够大的话,不妨种几棵大型植物,既可以让花园错落有致,又能在夏日遮蔽烈日。

● **真实分享**

　　独生子女的孤单,其实父母十分理解,因为缺少玩伴,他们很容易沉迷在电视和电脑中,这些都对孩子的身心发展极为不利,面对这样的情况,家长完全可以给孩子制造一个他喜欢的乐园,吸引他多到户外活动。

　　六六的爸爸工作很忙,但他依然抽空带儿子一起玩。其实他家的院落并不大,但他布置得非常有童趣。比如一个秋千并不会占用很大空间,可几乎每个孩子都喜欢。他还撤掉了那套咖啡馆式的桌椅,和孩子一起搭了个帐篷,一家人在夏日的午后躺在里面聊天,这里即刻便成为了亲子交流的空间。他还让孩子邀请小朋友来院子里举办野餐聚会,一些草编的垫子就是野外餐桌,孩子们玩得很开心。他甚至鼓励儿子拿起玩具枪和伙伴们玩"野外"激战，以培养他的男子气。六六的爸爸这样做使得家庭院落不只是仅供欣赏的花园，还是让孩子可以自由嬉戏的乐园，这对孩子身心的健康成长起到了事半功倍的作用。

• 用科学的家居环境引导宝宝独眠

孩子刚开始独立时不应该让孩子觉得距离父母很远，那样他们会有一种恐慌感，认为父母不再爱他们了，害怕天黑自己要孤零零地独处。孩子的这种心理非常正常，家长要及时地帮助孩子调整并适应，告诉他现在他已经长大了，需要逐渐独立了，但是让他别担心，这个成长的历程爸爸妈妈会一直帮助他、照顾他、鼓励他、陪伴他，让他有承担成长的勇气。

当然，孩子在刚开始独立睡觉的时候，父母也要陪伴他们一段时间。不妨在他的房间内安装一个夜间低耗能的夜灯，不影响他睡觉却能在睡前起到安心的作用，夜里起床也较为方便。父母还可以在他睡前陪伴一会儿，讲讲故事，等他安静地睡着后再离开，慢慢引导他适应这个独立成长的过程。至于在家居布置上如何更利于孩子独自睡觉，我们会在很多细节上给您提供建议，因为这不单是要解决孩子独处的问题，更要关注孩子的睡眠质量，这才是身心兼顾的思路。

孩子到 3 岁就应该独立睡觉了，这是孩子分床睡的最佳年龄。4 ～ 5 岁时他的独立意识已经渐渐形成。尽早让孩子独立睡觉，有助于培养他的独立意识、自理能力。对于女孩来说可以减少对别人的依赖，对男孩就更重要了，有些男孩子恋母，有女性化倾向，性格敏感脆弱，都与缺乏独立意识，过于依赖父母有很大关系。

孩子是在睡眠中成长，除了身体的成长，他白天学习的知识都会在睡眠中得到吸收、巩固。儿童睡觉时要呼吸大量的氧气，与父母同床或同房间睡觉，呼吸的空气会不新鲜，自然会影响他的成长发育。

• 🌸 父母手记 •

孩子已经 3 岁了，以前一直没舍得让他搬离我们的房间，觉得也就这几年能好好跟他亲昵一下。让他这么晚才独立睡觉，其实很大程度上有妈妈的小私心在里面。但是孩子现在已经开始上幼儿园，我必须舍得让孩子搬离房间，自己去睡觉了，况且学校的老师也说他自理能力较差，建议我们着重培养，因此我们决定把家中的格局重新改变一下，给他一个属于自己的小房间。

设计思路

　　孩子主要通过与大人的接触来培养感情、学习生活技能、锻炼语言能力，父母在为孩子安排设计他们的第一个儿童房时，一定要考虑到孩子的年龄和心理需求。此时的孩子还很小，因此他们的房间最好还是距离父母房间近一些，家长能及时注意到孩子房间内的动静，了解他们的需要，孩子从心理上也会觉得爸妈离自己不太远，即使有"怪兽"，大喊一声，爸妈马上就能冲进来。

　　儿童房光线要充足，合适且充足的照明，能让房间温暖，有安全感。婴儿房的全面照明度一定要比成年人房间高，一般可采取整体与局部两种方式布设。当孩子游戏玩耍时，以整体灯光照明；看书时，可选择局部可调光台灯来加强照明。

　　另外，儿童房一定要多一点趣味性，无论是房间色调还是家具款式都要尽量符合孩子的审美，要让孩子觉得这个空间是属于他的，这样孩子就比较容易进入这个好似童话的世界了。

　　床不要离窗户太近，这不方便开窗通风，而且有风雨或者寒冷季节还容易使孩子生病，更重要的是小孩子容易爬上窗户，那是很危险的。所以，床的摆放位置以尽量贴合墙壁且不留缝隙为首要原则，床最好不要太靠近暖气和壁灯。至于床的款式就要根据不同家庭的实际情况选择了。如果儿童房比较大，建议你选择自由组合式的，一个基本的床可以与滑梯、书桌、衣柜等组合成高架床、上下床、一字形床组等，这种给家带来新鲜感的变换方式不但可以适应孩子不同阶段的需要，相信每个孩子都会愿意参与下一个组合的创意。如果儿童房不大呢，双层床也是很好的选择，孩子可以睡下层，上层可以安排保姆睡或者用于存放孩子心爱的玩具。而如果只能选择一张单人床，我们也建议您选择床头、尾板可折叠，能调节拉长的床，这样可以适应孩子快速变化的身高。

　　孩子的活动量大，新陈代谢速度快，睡觉容易出汗，所以枕头要有良好的透气性和吸湿性。全天然填充物的荞麦、蚕丝枕芯配合纯棉的包布的枕头软硬适度，有益于睡眠，非常适合小孩使用。至于床单、被罩都要尽量选择100%的纯棉材料，被子尽量选择用扣子设计的，而不是用拉链的，因为拉链有可能会划伤宝宝的皮肤。而被罩最好是双面设计，即被罩外面是儿童比较喜欢的鲜艳颜色或卡通图案，而内面则是比较素雅的颜色，因为颜色越接近原色就越安全。

❤ 家居改造小贴士

　　墙上装饰：孩子会非常喜欢你为他精心设计的树屋，这也是在向孩子传达自然的理念。

　　空间：儿童房的空间不宜过大，空旷的地方容易让孩子产生恐惧感，不利于孩子的心理成长，同时不宜在离床很近的位置安放机器设备，电器的长期辐射容易让孩子脑神经衰弱。

　　灯：兰花造型的灯非常唯美，灯光打开后散落下的投影是另一丛盛开的花，而造型简单、边角硬直的灯具会让孩子产生恐惧。

　　玩偶：睡前，大人可以和孩子按故事里的人物给小玩偶分配角色演一出小话剧，让孩子在快乐中入睡。

　　窗帘：布艺窗帘宜选择遮光效果好、布质厚密的，这样就能遮挡住夜晚窗外的树影等让孩子产生可怕联想的景象。

🌺 真实分享 •

01 案例

儿子有了自己的房间后，每天晚上都会耍点小脾气，本来已经哄着他上床了，刚离开没多久就会听到"嘭"的声响。推门进去，他会匆匆忙忙地爬回床上，装作睡着了，可是一看房间，不是玩具被他扔到地上，就是卡片撒了一地。于是，我就靠在他的小床上想哄哄他，这时我突然发觉后背很凉，这才意识到这个看似轻盈的铁艺床头多么不适合孩子，又硬又冰冷，难怪儿子后来会说感觉自己是被抛弃了，没有人再像小时候那么关心他了。于是，我们为他换了纯松木的儿童床，不但视觉上看着温暖厚实，床头的部分还加装了可以放童话书的隔板。从那以后，我给儿子讲完约定好的一个故事后，儿子就会说，"晚安！亲爱的妈妈，帮我关灯吧。"我也会对他说："晚安！亲爱的儿子，做个好梦。"这一句简单的道别也是我们之间每晚的惯例，它会陪伴儿子进入甜美的梦乡，也会让我们母子更加互相关爱。

02 案例

阿诺有个灰色的小猫咪，是我从香港买回来的一个毛绒玩具。从他4个月大时小猫咪就每天在小床里陪他睡觉，不知道从哪天起，我忽然发现，阿诺已

经离不开他的猫咪了。阿诺管猫咪叫儿子，自己是爸爸。

阿诺 4 岁时，有一阵晚上睡觉总要拉着我的手，不许我离开，让我一直陪伴他。4 岁是孩子恋母的年龄，我意识到了这一点，如果不及时纠正，以后会很麻烦。于是，我决定和阿诺分床睡。开始独立睡觉的时候，我们引导阿诺把小床作为自己能独立支配的领地，因此阿诺非常重视自己的小空间，会变着方法打扮这里。儿童装扮出的空间与大人真的很不一样，没过多久，房间就被他装扮得非常卡通，连大人都觉得超级可爱。阿诺会每天请不同的人（其实就是他的那些玩具）陪伴他睡觉。所以，儿童房既然是孩子的空间，不如就放手让他参与管理。

03 案例

虽然知道应该让孩子从小与父母分房间睡觉，但我还是舍不得。小家伙 5 岁时终于同意住自己的房间了，但最近一周总是半夜就光着小脚跑到我们的卧室来，我们担心他受凉，又怕他保证不了睡眠，可又不能"心软"再让他与我们同睡。有一天他冲进我们的房间，喊着"有怪兽！"听完他讲的"故事"，我们知道他不只是害怕黑，还怕自己臆想出来的各种黑暗怪兽。这个时候我才发现，孩子的幻想力真是大大超过了我们的想象。于是，我们将他房间里的壁纸换成了天蓝色，并加了几朵白云的贴纸，在墙上还安了一盏小小的夜灯，从此"怪兽"再也不来了。

• 用色彩培养孩子良好的感知能力

日本最著名的色彩大师野村顺一说："色彩是光的本质，光又是生命的根源，因此我们可以说，色彩即是生命。"所以，当生命处于不同的阶段，人对色彩的感知也是不同的，孩子对色彩则更为敏感。什么样的色彩对孩子有吸引力？男孩子和女孩子又分别喜欢什么颜色？其实，家长们从孩子平时的表情中就可以发现。比如，孩子从很小的时候就会对五颜六色的东西笑，而且艳丽的颜色比黑色、灰色更容易吸引他们的目光，在明亮色调的房子里，孩子会表现得更活跃等等，这都说明了颜色对孩子的心理发挥着作用。因此，家居环境的色调不仅会对孩子的视觉审美产生影响，更是对他性格形成的潜在引导。

在对儿童房进行色彩搭配时，要从儿童的视角来把握，不要用成年人的眼光和审美来揣测儿童的需求。新生儿刚刚在母亲的腹中度过了10个月的黑暗期，视力是非常脆弱的，所以对周围的色彩、光线要慢慢地适应。孩子由于视觉和大脑认知系统处于发育阶段，所以应该从鲜艳的色彩搭配逐渐过渡到柔和精致的色彩搭配。孩子生下来两三个月以后开始具有色彩识别能力，对比强烈的红、黄、蓝、绿色墙面是最好的色彩课堂。一般来说孩子最喜欢黄色，其次是白色、粉色、红色、橙色等亮度比较高的暖色，不喜欢绿色、蓝色、紫色等冷色，最不喜欢黑色。

如果从儿童房的用色来说，墙面一般决定了房间的色彩基调，所以，大面积用色最好是淡黄、淡粉或淡绿的颜色，这些柔和的颜色有利于放松心情，对睡眠有益，同时也有利于养成孩子稳定的个性。比如淡黄色是所有颜色中最能发光的，给人轻快、透明、温暖、充满希望的印象，孩子在这种氛围中更容易体会家的感觉，更有归属感。淡粉色则代表着可爱、甜美、梦幻，也是双亲爱心的充分表现。通常淡粉色是女孩子的最爱，她希望自己是个公主，能够得到更多人的爱护。而淡绿色更接近大自然的感觉，有利于教育孩子爱护动物、植物、自然环境，它还代表着生机与和平，所以对孩子而言更有亲和力，不但能消除疲劳和消极情绪，也有利于保护孩子的眼睛，比较适合男孩子。

为了避免儿童房色调单一，你也可以利用家具的颜色进行调节变化。体积大的家具可以是与墙面呼应的协调色，在主色调的基础上比之较深或较浅，体积小的家具颜色则可以欢快艳丽些，比如橘黄色、洋红色、果绿色、湖蓝色等。这样的色彩搭配有利于孩子视觉的丰富、思维的活跃，还有利于为孩子营造一个温馨环境。

🌸 **父母手记** ·

色彩的面积在空间最显眼，影响力也最大，不仅对孩子的视力发育，还对他的心理成长都会有很重要的影响，所以在选择色彩时我们很慎重。

❀ 设计思路 •

现在大家都很重视从小培养孩子的审美能力，色彩环境对培养孩子的情感非常重要，和谐的色彩有助于他的心理良好发展。我们不建议使用过多浓重的颜色，尽管鲜艳、活泼，但对孩子的情绪并没有好处。这里是他的家，是他学习、休息的地方，不是儿童乐园。过于卡通的颜色在大人看来好像很适合儿童，但孩子成长很快，而且他也需要在这个环境中有更好的美学熏陶，适宜的柔和色彩更加温和，会让他感到心情平和，更能体会到家庭的温暖氛围。如果你想让这个空间更活泼，不妨在家居装饰品上做些跳跃的点缀。当孩子对于色彩的喜爱发生变化时调整起来也很容易。

❤ 家居改造小贴士

墙面：颜色淡雅和谐可以增加孩子对房间的亲密度，同时避免鲜艳色彩对孩子眼睛的过分刺激，尤其可以降低墙面漆中的有害成分。

木地板：地毯中会存有细菌、灰尘和螨虫，不适合幼小的孩子使用，使用实木地板不会冰到孩子的小脚丫，还具有一定的弹性，可以让孩子更加舒适。

玩具：在孩子的床上放置柔软的毛绒玩具，可以让他在睡觉时更容易有被拥抱的感觉，也会有朋友陪伴的亲密感，但一定要注意其中的填充物，而且要定期清洗。

窗子：孩子的房间要有充足的光线，但注意不要过于强烈，在窗子上加上薄薄的纱帘，可以让光线更加柔和。

❀ 真实分享 •

我们精挑细选，觉得女儿一定会喜欢我们重新为她粉刷的房间，可她并不买账，总是挑剔说颜色太难看了，而且脾气越来越焦躁，有时宁可在餐桌上写作业，也不在自己的房间待着，学习成绩也有所下降。没有办法，我们只得重新为她粉刷这个房间，这次吸取教训，让她自己来决定颜色。女儿并没有像我们想象的那样，选择粉色或紫色，而是选择了一种淡淡的绿色，她还提出要在放床的这面墙铺壁纸，我们也答应了，带她去建材城。最后，女儿选的是小碎花的图案，让她的房间很有点田园的味道。她还在一面墙上画了一个像黑板的区域，边框画的是花的枝蔓，在这里，她要开她的小画展，给我们留言，或者贴她喜爱的小画片。确实，她选的色彩、图案比我们选的漂亮多了。女儿从小就学画画，色彩感觉比我们更专业。所以，我们有时不妨放手，把装修孩子房间的任务交给他自己，或许能看到不一样的惊喜。

• 选择合适的儿童桌椅，提高孩子的学习效率

给孩子挑选书桌、椅子是最要讲究科学性的。

如果说有一样家具是孩子不能与大人通用的，你想想会是什么？对，就是书桌。在不得已的时候，成年人的床、柜子等都可以暂时给儿童使用，但成年人的书桌则不行，他会给孩子造成很多危害，比如是孩子阅读或书写时离桌面太近，而造成近视；坐姿不正确，使脊柱发育不健康等。

有很多家长希望尽量给孩子营造一个活泼的学习环境，于是会为他们挑选卡通的或者是色彩鲜艳的桌椅。科学研究也表明，性格较内向而软弱的孩子，宜用色彩对比强烈的家具；性格较暴躁的儿童，宜用线条柔和、色彩淡雅的家具。但是学习区域还是最好选择木色、白色或淡雅的颜色，在造型上也不要太花哨，否则很容易分散孩子的注意力。况且，这套桌椅要陪伴孩子好几年，还是把眼光放得长远些比较好。

• 🌸 父母手记 •

孩子一天天长大了，现在有时是在他的小餐桌椅上让他学习、画画。想想他现在都要上幼儿园大班了，还有一年就要上学应尽早给他配置一套书桌椅，但是孩子各方面都还没发育成熟，希望能选一套桌椅不要使用的时间太短，又不会给他的健康带来不良影响。

• 🌸 设计思路 •

书桌椅是儿童房中非常重要的家具，挑选难度最大，技术含量最高，一定

要符合人体工程学。我们通常最重视的是桌椅的高度，一般来说，儿童书桌的标准为长 1.2 米，高 0.76 米，宽 0.6 米左右；椅子的标准为座高 0.4 米，整体高度不超过 0.8 米。书桌椅一定要选择可以调节高度的，随着孩子的生长发育，家长要及时调整。

为孩子选择的第一套书桌椅通常会陪伴他度过整个小学阶段。多数孩子在这个阶段都很好动，所以要选择结实、耐用且铆钉不外露的。线条也不要忽视，圆弧形的收角，或镶以橡胶条等柔软之物的家具更人性化，可以防止孩子在奔跑中碰伤。

儿童书桌椅更多是板材的，因此一定要注意它的环保性。

很多人容易忽视电脑辐射对孩子身体的伤害。儿童房的空间一般都不大，再放一台有辐射的电脑，简直就是请了个隐形杀手。儿童房内一定尽量避免摆放电脑，如果孩子大了，有需要，也一定要将电脑桌的位置调整得离床头远一些。

 家居改造小贴士

　　书柜：孩子需要一个安全稳定的学习环境，一个小型的书桌和书柜的组合就显得很实用。

　　窗子：将书桌放在光线充足的地方非常重要，这样在保护孩子眼睛的同时，还能让孩子在休息时抬眼就看到外面的绿色。

　　椅子：孩子使用的椅子要符合身高的比例，并且要在成长的过程中及时更改高度，以符合孩子的身体条件。

　　电脑：电脑的摆放要尽量远离孩子的床具，如果实在条件不允许，也要采取一定的措施，让电脑的辐射伤害尽量降到最低。

❀ 真实分享

　　孩子小的时候总是喜欢在爸爸工作时爬到他腿上玩耍，后来他对书房内的东西非常感兴趣，有时敲一敲电脑，有时在他认为的废纸上涂涂画画。我们抓住这个机会给他一个恰当的引导，问他是不是也想有一个小小的"工作区"。他当然点头同意了。于是，我们选择了款式最简单的书桌椅，并且帮助他在书桌上划分了区域，哪里放书、放文具、放台灯……我们从来不给他买过于卡通有趣的学习用品，也不许他把玩具带到这个区域里来，那样会使他学习分心。在他建立学习习惯的幼小年龄，其实最重要的是训练它的持久力。最初我们教会他怎样开始使用书桌，并及时纠正他的不良坐姿和握笔的姿势。后来我们只会说学习时间到啦，他会上厕所、喝水，或者拿些东西，我们要求他写作业时尽量少站起身。然后大人去干自己的事情，等他做完所有的作业才会进入他的房间，帮他检查一下作业，或者做些必要的辅导。渐渐地，我们发现孩子的独立性、管理能力、自觉性都比其他孩子更好，还当上了班长，学习成绩也非常棒。

• 奇形怪状的家具会给孩子不良的心理暗示

　　儿童好动但安全意识又不强，所以不如挑选一些平稳坚固、线条圆润、质地良好的基本款家具。白色、木色比那些彩色的家具更耐看，简洁的线条与热闹的儿童间装饰更易搭配。造型夸张的家具最好还是不要配给孩子使用，因为在家具的线条、形状通常能够起到心理暗示的作用。现在会有一些家具模仿动画片里的场景，但长时间使用，会让孩子总是处于幻想中，这种家具固然有创意，但对孩子们来说，并不是一个好的心理暗示。如果你不能割舍这个情结，那就只挑选一件作为点缀吧。

• 🌸 父母手记 •

在给孩子买家具时很多家长都会被卡通的家具所打动，有时不只是为了孩子，家长也会有卡通情结，以前居住条件不好，现在这些梦想可以与孩子一起在他的小房间里实现了。汽车造型的床、城堡一般的柜子、章鱼一样的桌子……在颜色上也非常丰富。用卡通儿童家具打造出来的儿童房初看会很好玩，但是，随着儿童的成长容易过时。

• 🌸 设计思路 •

孩子成长很快，频繁地给孩子换家具既麻烦又要追加投入，最重要的是新的家具多多少少会给房间带来污染，如果给孩子买了新家具，最好放在阳台一些日子，等没有味道了，再搬入儿童房。能够与孩子共同成长的可调节家具、组合家具和多功能家具更实用，不但能通过简单的调整适应孩子身体发育的需要，也能满足孩子求新多变的天性。

儿童房空间小，功能又要满足休息和学习的多重需要，家具摆放更要仔细思量。首先家具要尽量靠墙，以扩大活动空间；其次家具也不要太高大，以免使房间产生阻塞感与局促感。如果是乡村风格，最好不要把床位设在横梁下。床头朝向以东为好，床尾不要冲门。

💗 家居改造小贴士

床：儿童的床不一定要很卡通，简单、大方、实用，在风格上更容易与其他房间相搭配。

五屉柜：五屉柜在儿童房非常实用，既可以存放衣服，还可以收纳一些零碎物品。请家长注意，要根据孩子的身高、季节及时调整物品存放在哪个格子里，这样孩子就可以自己每天把衣物存放整齐，选择要穿的衣服。

床前柜子：这个柜子其实非常实用。它既可以放在床脚，防止孩子夜里滚下地，也可以存放东西，还可以作为孩子的展示角。

墙纸：家具不花哨时，可以在墙面的装饰上下些工夫，这样一来就能渲染儿童房的主题，调节色彩、氛围。

• 🌸 **真实分享** •

当初想要训练儿子对外界的感知，我们特意通过网购从国外采买了一些魔幻新奇、色彩超炫的家具布置儿童房。刚开始儿子挺兴奋的，还带着幼儿园的好朋友来家里。可是住了一段时间以后，我们发现儿子对那些打打杀杀的动画片特别感兴趣，以前回家会自己翻翻书，画会儿画，现在每天一进门就开始玩他的爆丸、机甲勇士等这类的玩具，根本就坐不住了。于是，我们就开始反思，这些创意家具可能太梦幻了，使得他沉迷在未来战士的世界里了。后来我向一些专业人士咨询，他们说过于另类的家具虽然符合孩子的好奇心，但同时会使他变得易兴奋、多动作，尤其是对那些原本就活跃的孩子来说，很容易把他的活泼特质激发得过度。所以，儿童家具的选择虽然可以注重造型的趣味性，但绝不建议形态过分夸张。于是我就给孩子换成了一套组合高架床，床旁边是一个小扶梯，扶梯台阶由几个抽屉拼成，抽屉可以储放衣物。床下面是一个转角电脑学习桌，可以放一台电脑，又可以当书桌使用。在电脑桌旁还放有一个小衣柜，可以放置一些常用衣物。另一转角处有一个文件柜，可以放学习资料和书籍。电脑桌被分隔成两层，底下的一层还可以放小物件、书籍等。

• 利用宽敞的公共区域引导孩子做家务

经常听周围的人抱怨，现在的孩子有礼貌的、懂得照顾别人的越来越少。其实我们也不能全怪这些独生子女，孩子照顾别人的机会经常被长辈们夺走，父母恨不得什么事都替孩子做了。也有很多父母非常关注孩子的学习成绩，而往往忽略了教导孩子最基本的生活常识。

妈妈们以为不让孩子做任何事情是一种爱他的表现，殊不知这是让孩子宠物化的做法。长此以往孩子就会丧失原有的超强的生存能力，最终只能变得依赖和任性。

孩子是家庭的一分子，不要把他们区别对待，这个不让他做，那个不让他做，长此以往，孩子会逐渐产生对家庭的疏离感，其实这对孩子的心理成长很不利。为了让孩子健康的成长，必须为他们创造发挥自身才能的机会。父母做家务的时候，让孩子从小就在自己身边一点一点地学习。即使自己做得再快，也要耐心地等着孩子坚持到最后。

新买的房子比较大，公共活动区域确实大了不少，可以供孩子尽情地玩耍了，可相对房子内的其他房间来说，在小小的孩子眼里相隔也远了，这样在我做家务时他经常会独自玩耍，我想对房子进行一些改变，让孩子的活动地方离大人近一些，这样就能让他有意无意地参与到家务中来。

· 🌺 设计思路 ·

其实不用在房子上多做改造，家里比较宽敞，这对于孩子的成长非常好，只需要在每个区域内都有孩子的活动地带就行了，比如在客厅内放一辆孩子的玩具车，或是在厨房给宝贝设置个座位，都是同孩子交流的好方法。让孩子无时无刻都能知道父母在做什么，再善加诱导，邀请他参与到家务劳动中，他就能学会做很多事情，千万不要以为让孩子做家务是"干活"，在他幼小的世界里，家务和游戏区别并不大。

家居改造小贴士

小桌子：让宝宝同自己处于一个空间中，即使是做饭这样的工作，他也是可以参与的。闲下来也可以陪宝宝玩一会儿拼图，或者跟他多聊聊天，相亲相爱的家庭氛围逐渐就培养出来了。

门：尽量将宝贝经常活动的区域设置在有阳光的地方，让他即使在天气寒冷的时候也能在家里接触到阳光，这不仅能给孩子一个好身体，还能培养孩子一个健康乐观的性格。

木质家具：木质的家具充满自然气息，同时能减少甲醛和胶的成分，让家人都能感受到健康清爽的空间气息，在这种环境中共同做些家务，父母与孩子都能够感受到对方的关爱。

餐桌椅：孩子们经常会把玩具滚到桌子或椅子下面，然后会自己去捡。为了防止娇小的身体钻进桌子造成不必要的伤害，可以将餐椅换成比较轻便的款式，即使孩子力气小也能推动，不会被困住。

真实分享

前天晚上，我刚刚带着儿子学习怎样正确地叠衣服，儿子兴奋地把自己所有夏天的衣服都拿出来重新叠了一遍。幼儿园毕业的当天，儿子回到家里，自己拿个小垫子坐在地上，花了将近两个小时收拾自己的书架，分类清楚得完全超出我的想象。他告诉我："妈妈，我一点儿不觉得累，我觉得很快乐啊。"我还给儿子计划了上小学前必须掌握的生活技能。其实让孩子掌握这些没那么复杂，你自己觉得是家务那就是家务，觉得是乐趣那就是乐趣。有时候我们为什么不能像孩子一样简单一点呢？

儿子经常在我下班前打电话告诉我："妈妈，今天晚上有惊喜！"回家后，我才发现儿子做了好多饭，基本都是三明治或者包饭团等很简单的东西，但看着儿子踩着板凳盛饭的样子，我心里感觉好温暖。

• 让孩子在天然材质中亲近自然

著名心理专家李子勋曾在他的一段演讲中提到："任何人类文化面对大自然都是苍白无力的，真正充满信息的是大自然，对孩子最好的刺激也都在大自然当中。"儿子三岁多的时候，有一次对我说："妈妈，我什么时候才可以看到一只真正的青蛙啊？"我很震惊，从那以后，每个周末不管多忙，一定带儿子到郊区去玩一天。人类不能活得离大自然太远。

各种天然材料的好处就不用多说了，虽然我们不得不被工业化的合成材料所包围，但在孩子小的时候，还是要尽力避免让他接触过多的人造材料。在家中多使用棉、麻面料，木质的家具，甚至是石头的材质，不仅可以给孩子带来舒适感，避免孩子的很多疾病，如皮肤病、过敏症、咳嗽等，而且让孩子触摸自然，体会自然，对于孩子的身心成长也是有很多好处的。

甲醛已经被世界卫生组织确定为一类致癌物，并且被认定是引发白血病的因素之一。如果孩子突然出现下列情况，而以前从没有出现过，则可能是白血病的征兆，家长要注意：

1. 骨头痛。由于白血病会使骨髓膨胀，骨膜受到拉伸，就会引起疼痛。尤其是在膝盖的上下方最明显，常被误为关节炎。

2. 发烧。发烧不规则，时而高烧，时而低烧。发高烧时，用抗生素无法控制。

3. 容易出血。皮肤出现严重的淤斑，鼻子、牙齿出血，而且是突然发生持续性的出血，这种现象还会逐渐加重。

4. 贫血。因为红血球的减少，孩子会出现贫血现象，比如脸色苍白，口唇、指甲无血色等。

5. 乏力。精神很差，喜欢静静地待着。即使活动，也没有原先那样兴奋，很容易疲劳。

6. 胃口差。孩子的胃口越来越差，甚至对自己喜欢的食品也提不起兴趣。

7. 淋巴结增多增大。通常发生于颈部、腋窝部，一般不会觉得疼痛。

8. 器官肿大。白血病细胞会侵犯到肝脏、脾脏、淋巴腺、胸腺，甚至脑膜、生殖腺、肾脏等，引起器官肿大。例如小孩上腹部肿大，可能是肝脏、脾脏已受到侵害。

　　儿童患白血病在一定程度上与装修有关,而且越来越多的孩子是过敏体质,通常我们在孩子很小的时候都不能对房子进行装修,即使房子看上去有些旧了,我们还是要忍耐。但当孩子大一些了,他小时候的墙面涂鸦、破损的沙发、用小汽车磨坏的家具等,我们还是想把家翻新一下,但是希望能将污染降到最少。

・ 🌸 设计思路 ・

　　很多家具和装修中的隐藏杀手都可能对孩子的健康构成威胁,比如室内装饰用的油漆、胶合板、刨花板、内墙涂料等材料中均含有甲醛,它们是主要的家居杀手。它们会引发包括呼吸道、消化道、视力、皮肤、智力等多方面的疾病。而来自皮革、胶水、防水材料和橱柜花岗石台面中的苯也是一大污染物,轻度中毒会造成嗜睡、头痛、恶心等,重度中毒则可能出现呼吸困难、心律不齐、抽搐和昏迷的症状,尤其是会抑制人体造血功能,使红血球、白血球、血小板减少,导致再生障碍性贫血患病率较高。而很容易被忽略的隐藏在家具、壁布、地毯、纺织用品、清洁剂中的 TVOC（一种能在常温下挥发,存在于空气中的有机物,有特殊的气味）则会影响免疫和神经系统,尤其会损伤我们的肝脏和造血系统,所以家长在购买装修建材和家具的时候,应该要求销售人员提供国家对这些物质含量达标的检测报告。在此，还需要特别提醒家长的是，即使某一件产品符合标准，但如果过度装修，或在小空间内摆放过多家具饰物，综合叠加起来的污染还是会超标，所以一定要适度装修。

另外，现在有很多厂家宣称自己的产品"零甲醛"或无异味，这是混淆概念的说法。所谓"零甲醛"基本不成立，只是含量比国家标准低，属于无害的范畴，更准确地可以说是"未检出"，而无异味就更是误导消费者，因为无刺激性气味不等于无甲醛。

当然，无论怎样，污染源都不可能彻底杜绝，但消费者也无须盲目恐慌。只要你进行绿色装修，购买环保材料，再通过一些解决污染问题的办法，比如经常开窗通风，安装如同"电子鼻"的新风系统，购买光触媒的花艺，种植一些能吸收有害物质的吊兰、虎尾兰、常青藤等花卉，再多带孩子做户外运动，那么装修污染所造成的后果就会降到最低，也就不会对孩子的健康产生影响。

 家居改造小贴士

墙面：用水草编织的墙纸，取材天然，不会给家居环境带来污染，水草的绿色也更贴近自然。

沙发：棉麻的材质，不论孩子坐卧，带给他贴身的体验都更自然、温暖。

地面：地面采用天然的石材，如果觉得在冬天有些冷，就铺上一块地毯，脚感也很舒适。

绿植：给房子尽量多的绿色吧，不论是调节空气还是心境，它都是房间最好的调节剂。

真实分享

01 案例

我走访了二十几个日本的亲子家庭，他们的家装大多使用的是天然材料，是充满着自然气息的家。他们普遍认为，天然材料会随着岁月的沉积变得更加有韵味。肌肤接触到它也很舒服，就算孩子光着脚在屋里跑来跑去也很安心。

有一位叫田中的妈妈，她在园子里种了很多植物，每天她和孩子们一起对花和叶子的颜色、大小、形状进行细致的观察，也经常带着孩子们在院子里写生。这位妈妈也经常拿自己的手工编织作品让孩子们评价。

还有一位叫高桥的设计师妈妈，女儿才刚刚 1 岁，她尽可能不用市场上销售的婴儿辅食，总是亲手制作非常贴近大自然的食品。为了让孩子从小学会品尝素材本身的味道，她在调味时总是注意保持味道清淡，包括食品用具也尽量使用天然的素材，比如使用陶制的饭碗、茶碗和木制的器具。

还有一位妈妈，在装扮家的时候尽量使用绿植。例如，摘取当季的花来装饰庭院，将插种的木苗摆放在窗外，家里还有过冬的花盆，在里面撒种让它发芽等等。此外，利用庭院里的花和叶制作干花，放在屋中装饰也十分好看。每年秋季这个妈妈都会和孩子们一起到公园拣树枝、干果果实等，并把它们制成饰品，摆在家中。

02 案例

我家小孩经常会在春天起一些小疙瘩，孩子小，痒的时候就会抓挠皮肤，很让人担心。医生检查后，说是过敏性皮肤，我们就开始对家居进行彻查。首先是布艺家具的填充物，填充物的材质如果在制作时没有经过消毒处理，很容易变成细菌的滋生地。除此之外，一些化纤织物也会对孩子娇嫩的皮肤产生不好的影响，大人如果贴身穿化纤衣服都会不舒服，更何况幼小的孩子呢。另外重点检查的是孩子经常接触的毛绒玩具，以前在家堆了很多，后来让他只选一两个最喜欢的摆在他的床上。每周，我们都会用吸尘器把家里的毛毛彻底吸一下，地毯也被我们收了起来。现在，孩子身边更多的是一些麻、棉、木质的自然的东西，孩子的过敏体质得到了很好的改善。

学习——在玩中学习，千万别把孩子困在书房

　　父母都有望子成龙、盼女成凤的美好愿望，都在挖空心思地为孩子营造一个良好的学习氛围，希望孩子们能够热爱学习，从而获得更多的知识，凭借才华获取成功。现在很多家长已经意识到家庭中学习氛围的营造比只依靠口头敦促要有效，这是进步而可喜的现象。于是，很多家长极力地在书房、书柜、书桌上下工夫，但没能开阔思路，其实家是整体的，气氛也是整体的，虽然可以有功能划分、区域界限，但这不是强硬的约束，正因为孩子需要学习大量的知识，所以学习的行为才应该是无处不在的。

　　说到学习氛围的营造，当然要从明亮的书房、高矮适中的桌椅说起。很多家长在这些硬件设施的安排上是绝对"舍得"，但这些家具真的只能集中在儿童房里吗？有些家长认为让孩子关在他自己房间里学习会更踏实，因为没有人打扰，但这样做有时候会给孩子造成学习是他自己的事情的错觉，那么，为什么不尝试一下在你的书房里也为他安排个桌椅呢？当你坐在那里安静地看书，孩子自然会受到耳濡目染的熏陶，更容易集中精力并养成阅读的习惯。如果孩子在学习过程中遇到问题，你可以解答的，就可以给予必要的指导，或者跟孩子一起思考并寻找答案，这不同样是一种交流的方式？这将是超越物质层面的。日本家居设计咨询专家四十万先生在对日本考上名校学生家庭的调查中曾得出结论："所谓教子有方的家庭，并不是指其拥有多少间房屋和多宽的面积，而是指家庭关系是否和谐、家人之间是否有良好的沟通。"所以，不只是为他准备书房和书桌，也要为他们在心理上建构和谐的情感平台，这才是一个家最浓郁的学习氛围。

年前我去意大利参加了一个设计展览，其中最让我震撼的就是儿童房的区域。精巧的细节设计、自然舒适的材质、绝妙的色彩搭配、充满想象力的造型，让我至今难以忘怀。意大利著名的设计师朋友告诉我，任何的创造力和想象力都不是只凭后天的学习就可以达到的，从小的日常生活熏陶才是培养孩子审美能力和创造力的最好教材。所以，走出书房，家里的任何一个空间都可以说是学习的地方。客厅的电视组合柜里除了 CD 和 DVD，有没有孩子可以看的书？孩子的卧室里是否也有搁板可以放他的儿童画册？连家长的卧室里都可以放几本故事书，这样，当孩子哪天撒娇爬到你被窝里要你讲故事的时候，你一样可以信手拈来，这些安排都是在向孩子传递随时学习的信息。而学习本身也不只是吸收书本上的知识，还有很多是属于能力的培养。

• 色彩能帮助孩子说出心里话

色彩对心理的影响早已为人所认知，并巧妙地应用到了生活中。每个孩子内心都有一种属于他们的颜色，同时也是他们心灵的写照。成人应该多加关注孩子对色彩的喜好，并在这一基础上引导、鼓励他们发挥想象力，让他们有融合感，形成良好的学习氛围。

色彩能够帮助孩子说出心里话，与大人相比，孩子通过色彩、形状、音乐来表达感情的能力要丰富得多。

日本曾经对中考生做过一种实验，实验结果表明这些中考生想表达成功的心愿或干劲时，就会用红色；有压力或者感觉受到压抑的时候，往往会选择黑色；而感觉特别无力的时候会选择灰色；有特别强的竞争情绪的时候，往往会选择红和蓝两种颜色。通过选择的颜色，可以读懂这些孩子发自内心的信号，如果父母能够早点认识到的话，也可以及时给予心理呵护。

据日本色彩大师野村顺一提示，孩子学习的房间应该采用蓝色或乳白色的色系。蓝色能够促进新陈代谢，是创造生命力的颜色。所以，在孩子经常学习的书桌前可以挂一幅以蓝色为基调的图画，这会使他保持平静的心态，比较容易集中精力。而如果感觉太单调的话，窗帘可以选择一些带立体感的图案，这时还可以适当使用帮助孩子静心的冷色调，比如融入一些淡紫色。

壁纸也不要选择过于花哨的玫瑰或者飞机这样的图案，反而会降低孩子的想象力。另外，你也可以选择一些自然素材，比如鲜艳的盆花或葱郁的植物，都会为房间带来生机。你也可以为他更换色调清新的床品，比如挑选米黄色、水粉色等，并增添一个抱枕，这会让孩子的睡眠更舒适。总之，这些小窍门都会帮助孩子放松下来，使他生活学习的节奏更平稳。

孩子的学习空间并不一定要等到他上学时才建立，从孩子一出生，就要给他一个良好的学习环境，让他更好地感知世界。

从心理学来讲，儿童观察的颜色比成年人丰富得多，这是因为他们没有色彩分类，儿童在没有言语以前他看到的世界是丰富多彩的，他并不知道红色有一个专门的叫法，他对于几十种红都有特定的反应。儿童对色彩的反应性能是非常细腻和敏感的。心理学研究员曾经做过一个实验，证明一个孩子对一个色差的卡片进行反应，成年人需要 12 个色片才能辨别出两个卡片的颜色。因为儿童在记忆颜色的时候是按照差异而不是按分类来记的。成年人大多已经丧失了对颜色的辨别能力，因为我们会去分类，大量的信息就被我们放弃，我们眼里只有颜色的名称分类而不再对其他颜色有反应了。

在颜色上，我们提倡使用一个相对来说丰富的构图设计，比如说墙面不要单纯地用一种色，最好在里面加上其他的色，尽可能柔和而又充满着信息。颜色的刺激在孩子一岁半或一岁以前，就要加强保护和满足，要不然他的颜色感发展不起来。

儿童的很多认知能力是被唤醒，而不是给予。大自然是唤醒儿童所有自然

记忆的最好地方，比如它的声音、温度、气味、光线，还有它存在的形态。所以，无论在孩子的哪个生长阶段，我们都要尽量给他一个最自然的色彩环境。

❀ 父母手记 ·

孩子的房间被他用各种粘纸还有他画的画装扮得色彩缤纷，看到孩子有创意的布置，家长们通常还是很鼓励的。可是当孩子的房间太花的时候，他就很难安安静静地在房间里集中精力地做一件事情。

❀ 设计思路 ·

建议你去看看孩子房间的色彩是否过于跳跃，当孩子已经步入学龄阶段，对比色强烈的大色块还会刺激孩子的眼睛，还会让他感觉躁动。儿童房的色彩虽说可以鲜艳一些，但要掌握一个度，淡雅柔和的色彩更加适合孩子的学习。可以在孩子房间里大面积地使用较为柔和的色调，同他商议在一个区域作为他的创作角，在局部丰富色彩，这样既不会压抑孩子的创造力，又能保障他有个安心学习的环境。

家居改造小贴士

地毯：海蓝底色上带有跳跃动感线条的地毯，会增加空间的活跃气氛。让阅读成为"悦读"，是让孩子亲近书籍的最好方式。

灯：充足的光线是晚间孩子学习时必要的工具，在近视越来越低龄化的今天，家长与其为孩子准备一副好眼镜，不如在灯光上多费一点点心思。

沙发：蓝、白两色是容易让人放松心境，内心安静的色彩，在读书区很适宜选用这两种颜色作为沙发的主色。

凳子：不要在电脑前放置太舒适的椅子，否则孩子就会自觉地减少在电脑前的时间。

✿ 真实分享 •

孩子上小学五年级了，功课越来越多，回家后谈的话题也就是明年面对升初中的考试等，让我们十分忧心。课业繁重，我们也不能真的那么洒脱，不让他做那些题，只是想能否从我们的角度帮助他减轻一些压力，在家中尽量营造一个轻松的环境。

很快就要小升初考试了，如果装修肯定会影响他的学习，过大的空间调整也会让他不能一下子适应，后来我们想能不能改变一下他房间的色调。除了墙面，就是窗帘和床罩对房间色调的影响最大。周末，我们也要让孩子放松一下，就带着他去选购了一些软装饰。孩子挑选了以蓝色为主的几何图案，配套的有窗帘和床品，回家我们一起换上了，孩子房间的色彩变得明亮了许多。我们又帮他整理出了一些蓝色调的趣味性的装饰物，摆在书架上和床边层板上。这次调整非常简单，用了不到 500 元钱却收到很好的效果。

在小空间中打造出多功能区域

大多数家庭由于住房条件的限制，还不能做到让孩子有自己专属的卧室、书房、游戏室这些功能细化的房间。多数情况下，家长都会依据现有条件，在十几米的儿童房里帮孩子打造一个具有多种功能的综合空间，在这个房间里，孩子要生活、学习、玩耍，一样都不能少。

每次有朋友请我去帮他家儿童房出出主意，我都会觉得很难，但也很有意思。难是因为在大人的卧室里我们只要有休息的单纯功能就可以了，可是儿童房却要满足孩子的很多需要。有些家具厂家帮我实现了这个要求：把床架成双层，安个大滑梯，或是把床下面做成小小的足球门，再或者把床架的二层作为休息区，一层床底下安排书桌……这种处理方法让小小的儿童房多了许多乐趣。

🌸 父母手记

我家三室两厅的居住结构对于三口之家已经够用了，除了两间卧室外，还有一间作为共用的书房，但随着孩子日益长大，她自己也拥有了很多书，而且对我们偏向沉稳的书房，她似乎也不大"感冒"，所以想把她的房间打造得功能更多样化。

🌸 设计思路

想要将小空间的作用发挥得淋漓尽致，就要充分地考虑到每一寸可以使用的面积。空间也是可以"生长"的，建议将书架的高度一直延展到屋顶，尽量用简洁的色彩和线条，以免小空间元素太多干扰孩子的休息和学习。最高处可以放置孩子早期看的书，最下方是一些他选择的，你又觉得没什么用的书，比如热播动画片的书。不易取放的位置可以放一些需要你的指导孩子才能阅读的书，大人可以很方便地拿到，最易于取放的位置当然留给孩子正在使用的书籍。书架还可以作为孩子的展示架，将孩子心爱的"小宝贝"摆放进去。将普通的窗台改造成飘窗形式，也可为小空间赢得一处非常好的轻松阅读地。

❤ 家居改造小贴士

书柜：普通样式的家具能够保证孩子更加稳定的学习情绪，而不会因为奇怪形状的家具对书房产生不良情绪。

窗子：良好的自然光线更能保护孩子的双眼，一双好眼睛会让孩子的未来更加顺利和美好。

布艺方凳：功能多样的方凳是小居室里的好帮手，它可以当做矮几，也能当做脚凳，还能坐在地毯上倚靠着，同时又能储物，通常孩子都会喜欢这种灵活多变的小家具。

靠包：时尚而独特的靠包会让孩子当做一个"伙伴"，整日抱在怀里、靠在身后。对于独生子女来说，这其中暗含着一些心理上的安慰和被保护感。

✿ 真实分享

01 案例

靓靓 10 平方米的小房间里放着床、书桌、衣柜和抽屉柜，看起来拥挤又单调。她马上要上小学了，我们特意将她的房间重新布置，想让她意识到自己开始了一个新的阶段，不像幼儿园时只是在这里睡觉和玩了，也有自己的书桌、书架，有种长大的自豪感。她的房间虽然小，却也兼具了睡眠、学习、娱乐、收纳等多种功能，孩子的所有事情在她的这个小天地中都能解决，这样，能帮助她认识到自己长大了，要有独立性了。在为女儿选择家具时，妈妈特意选了可以移动的书桌和多种组合方式的书架。女儿非常喜欢自己"有腿的书桌"，她会不时地换一换家具的摆放位置，给自己平添几分情趣和新意。"家具带滑轮，移动起来很方便,整个房间的格局一下就活了。"女儿靓靓也很喜欢可移动家具,在她眼里,它们就像是她的大玩具。

靓靓的房间连着一个小阳台,这也是她重要的游戏场所。阳台上放着三只大箱子,里面装着她所有的玩具。在妈妈看来,一个独立、安静、分隔合理的空间是培养孩子良好生活习惯的基础,孩子在其中自由发挥,所有的家具与颜色、房间的装饰与风格,都可以自成一派完全独立,因为这是孩子在决定自己的"个人事情"。妈妈不会随便扔掉孩子的东西,旧玩具已经装了三大箱,就算已经毫无用处,也会尊重孩子的成长保留下来。书架上大部分的书是妈妈选择和购买的,买完就放在孩子的书架上,也不会刻意要求孩子读哪些,只是任由孩子自己选择,慢慢品味。这样一个自由空间,加上蓝白的主色调,为孩子营造了温馨恬静的学习生活环境,女儿还管自己的房间叫做"魔术空间"。

O2 案例

孩子上小学四年级了,一直向我"申请"给他的房间放一台电脑,网上确实有很多学习的内容,但我又怕他痴迷上网,这让我很纠结。这也是很多家长的苦恼,但我觉得有些原则是一定要坚持的。我决定把电脑放在家人共用的书房中,毕竟这个年龄段的孩子自律性还比较差,同时这样做也能让他少些辐射危害。孩子要查资料时,你可以告诉他"我不会打扰你,这个时间这里属于你",让他感受到自由,没有受到监视,同时也保证了孩子的学习时间。

• 家居只作小改变,孩子的阅读量猛增

说到亲子间的沟通,很多人想到的就是对话。但是日本家居设计咨询专家四十万先生称,比语言更有威力的交流应是"文字"。

孩子经常喜欢通过文字和绘画等书写的方式将自己的心情或梦想直接表达出来。大人与孩子的会话有时很容易变成单方面的说教。如果家长与孩子之间习惯用书写方式的话,就很容易进行更有意思的沟通了。四十万先生在日本的调查中也发现,在很多优秀的、善于沟通和表达的孩子家中,都有随时可以书写的黑板或白板,孩子会轻松自如地进行自我表现。有时与爸爸妈妈用留言板

的形式进行交流,比对话更能得到心灵上的沟通。要想在家中营造出学习的氛围,就要父母以身作则陪伴孩子一同读书,这样比简单粗暴的高压政策也更有效。

很多家庭都喜欢设计一个专门的书房,但是据我观察孩子并没有走进书房看书,书成了被束之高阁的装饰品。而实际上我们又多么希望我们的孩子能够爱上读书,喜欢读书。我们不如让读书更加放松和随意吧,客厅、走廊、楼梯、玄关、厕所……任何地方都可以放置一些小的书架,家庭成员可以很随意地从书架上拿书来阅读,家中任何一个角落都可以变为读书的地方。由此,家庭的交流也会变得活跃起来,这个小小的改变会让孩子的阅读量发生巨大的变化,你会发现,孩子渐渐地从玩具走到了书籍的世界。

🌺 父母手记

家中本来备有书房,是我们夫妻两人使用的,现在孩子慢慢长大了,在他的房间中虽然也有书架,但觉得有些大人的书孩子可以阅读了,以前我们都是借阅给孩子,现在觉得这种方式不是很负责,因为有些思想孩子不能正确理解反而不好,他看到不解的问题当时没及时提问,过后也就忘记了,所以空闲时间还是最好能邀请孩子走进我们的书房,共同阅读、讨论。

设计思路 •

其实这个改造很简单，而且不用破坏书房原有的风格和布局，只需选择大家共用的家具，以宽大舒适为宜。中式风格的书房可以选择卧卧榻，多增加些靠包以保持舒适性；西式风格的书房，或许只需增加一个躺椅；现代书房更简单，一块厚厚的地毯有时就能解决问题。

♥ **家居改造小贴士**

卧榻：宽大的尺寸足够让孩子和大人"挤"在一起看书、讲故事，这会成为孩子和大人最享受的一刻，相信也是孩子最珍贵的记忆。

靠垫：多增加些靠垫会增加木卧榻的舒适性，选择具有中式风格的棉麻质地的靠包则更佳。

矮几上的托盘：使用富有品位的日常生活用具对孩子的审美能起到潜移默化的作用。

放小物件的书格：在书架上辟出几块地方，放些有趣或是有纪念意义的装饰物，这会改变书架的刻板模样。

● **真实分享** •

01 案例

孩子到了青春期，他们有自己的想法和处理事情的思维方式，只喜欢在自己的房间内活动，有时叫她出来聊天也很不情愿，我们也知道对于青春期的孩子大人不能一味地说教，而要慢慢引导。孩子小的时候，我们在家中就明确了每个人的私密空间。比如，他进我们的房间要敲门，书房是爸爸的工作室，没有征得允许，最好不要进去，更不要随意动爸爸书房里的东西。因为生活在这种规则下，孩子对于他的房间保护得也相对私密。现在，我们做了一些调整。我们请她来看看爸爸新画的图，或者一些设计稿。书架上大画册很多，有些大画册很难买，爸爸特别不喜欢别人动，现在也对女儿开放了，前提是看完后放回原位，便于爸爸查找。我们还把爸爸书房小阳台上堆满的书籍移开，换成了藤草的小方桌和两个蒲团，现在那里是父女俩的围棋"擂台"。自此孩子与爸爸有了很多共同的话题，他们会一起讨论流行，发表对新锐设计师的看法，尽管女儿只是一个上初中的学生，但在艺术的问题上，爸爸不再把她当做小孩子或者自己的学生，而是在平等的氛围中谈论，女儿现在对艺术也有了新的理解，这种进步影响到她学习和生活的很多方面。

02 案例

儿子上幼儿园后，开始有偶像了——"奥特曼""变形金刚""超人"……一开始，我觉得没必要干预小家伙的喜好，在他软磨硬泡下还是给他买了这些玩具，后来越发觉得这样下去的话，小家伙的脑袋瓜里除了外国动画"偶像"，还能有些什么呢？

上幼儿园后，小朋友之间会交流彼此的爱好，动画片里的人物自然是他们首要交流的对象，成人如果执意不让他们接触这些的话，难免让他和小朋友之间会没有共同话题，这会令他失落。一方面，我们不能过度阻止，另一方面，在家中给孩子营造一个向内"收"的环境，让他同时能接触到我们中国的传统文化，在居住的环境中添加些有中国韵味的家具、书画等等，这也是"润物细无声"的美德教育。接下来，我们确定每月第一个周末为家庭读书日，在这一天，每个人要讲一本书或者一个故事。而且，我们会在那一天特意选择围坐的方式，或在地毯上围一圈，或者是给圆形的小饭桌换上格子台布再摆上一盘新鲜水果，我们觉得这样更符合寓教于乐的融洽气氛。为此，孩子与大人在过去的一个月中都要认真地至少读一本书，并且要做些点评。因为这个活动，孩子"正经书"的阅读量大大增加，从我们的故事中，孩子也能得到很多他们视野所关注不到的知识，他的文学修养和知识量真的得到了迅速地提高。

● 平和的空间能减轻孩子的学习压力

孩子上学后，一开始还很好奇，后来要做作业了，要参加考试了，便觉得"不好玩"了。很多家长会觉得孩子上学了，是他人生一个重要阶段的开始，他们会在这个时候对孩子的居住空间，甚至整个家庭空间做出调整。孩子的学习环

境已发生变化，家长对他的态度也不像对小宝宝了，就连居住环境现在也要改变，这一系列的变化累加起来对于六七岁的孩子来说太多了，我们应该尽量弱化这些变化，帮助他度过人生中面临的第一次重大改变，让他顺利快乐地享受学生时代的生活。

很多刚入学的孩子想在妈妈身边学习，也有兴趣多变的孩子不喜欢被家长安排在一个固定场所。根据心情的不同，孩子在家中变换不同的学习地点反而能够更集中精力学习。有的孩子喜欢在有家人在的起居室和厨房的餐桌上学习，因为在那里他们能感觉到妈妈就在旁边，心情很平静，可以更集中精力，这时父母要留给他一个平和的过渡阶段。

将客厅照明略微调暗，使整个房间变得具有成熟风格。桌子上的照明最好换成明亮的垂吊式吊灯，或者补充一盏护眼灯，这样可以更便于孩子在桌子上读书。垂吊式电灯发出的明亮光线将会增进家人间的亲密感。或者在客厅靠近墙壁的地方开辟学习一角，这是家庭共同享有的空间，孩子们在爸爸妈妈身边可以更快乐地进行学习，这是家庭生活必要的一部分。

❀ 父母手记 ●

孩子要进入小学学习阶段，我们也希望从一开始就帮助他建立一个良好的学习习惯，所以在家居安排上我们准备做些调整，以前总是在餐桌或者我们的书桌上让他写写画画，现在想让他明确要在哪里学习，在哪里画画，一切与学习有关的事情都有个固定的位置。

❀ 设计思路 ●

很多家长都是如此，孩子一进门稍微休息，吃些东西就开始坐在他的小书桌前。为了保持安静，有些家长还会关上孩子居室的门，孩子就被"憋"在这个空间，"固定"在座位上，写作业、复习、预习，直到很晚。所以，孩子会觉得很累，学生时代的生活也极为枯燥，孩子与家长的关系仿佛也是监视与被监视的关系。

第一，我们需要为他设置一套书桌椅，这是必需品。书柜等家具应以平实朴素为主，不要过于亮丽的色彩和外形。第二，家长可以在房间内不易被打扰的公共空间给孩子安置一些可以用来学习的相对清净的空间。这里最好有充足柔和的采光。

♥ 家居改造小贴士

书架：孩子的书架应以简洁为主，古怪新奇的造型只能让他们分心，一目了然的整齐收纳格便于孩子查找所需书籍和物品。

灯：充足的光线是学习的保障，更关乎孩子视力的健康。

沙发：不要让孩子总坐在书桌前一板一眼地学习，为他们准备一处可以"犯犯懒"的角落，可以让他们换种姿态"充电"。

窗帘：孩子的房间应有一面朝南的窗，白天能得到阳光的眷顾，也能望望远处缓解视疲劳，晚上垂下的纯棉窗帘又能营造出一份安宁惬意的氛围。

❀ 真实分享 •

李女士女儿性格比较内向，喜欢安静的环境。李女士就在书房专门为她安置了一套很舒适的桌椅，还腾出了两层书架摆上她喜欢的图书，她几乎一放学就钻进书房，一待就是两三个小时。李女士担心女儿这样读书会累坏眼睛，再加上书房空间也不够大，长时间待着会觉得空气不好，于是在书房的窗台上摆了许多绿色植物，既可缓解视疲劳，也给原本单调的书房增添了一抹生机和绿意。有时候环境的变化只缘于一些细微之处。

6 岁的儿子天生好动，没一刻能闲得下来，客厅的布置就比较简单随意，这样可以让他自由活动而不会破坏原本的布局。为了能中和一下孩子的性格，李女士买了一架钢琴，姐姐练琴也让弟弟跟着学，两个人相互影响。李女士还在儿子的床头放了围棋，睡觉前姐弟俩总会玩一会儿，那个时刻，儿子变得没那么浮躁了。现在，两个孩子在平和的环境下成长，学习都很好，还都是班干部。当然，如果家里只有一个孩子，也可以通过其他一些办法校正孩子性格中偏执的一面。比如给好动的孩子换个冷色调的窗帘，或者购买些益智型组合拼装玩具，两岁左右可以买穿珠子，四五岁则可以买磁力玩具等帮助他可以更长久地集中于一件事。而对于太内向的孩子，你可以在他房间里摆放些动态的物件，比如在窗台上放个小金鱼缸，给他的小闹钟换个有鸟鸣或有旋转小人弹出的，这些都是家长花点小心思就可以改变的。

• "六大解放"激发孩子的求知欲

著名教育家陶行知先生曾经提出"六大解放"，即解放儿童的嘴巴、空间、时间、眼睛、头脑以及双手。其意义就是让孩子们有自信心、安全感、自由感。

其实这种自由丰富的感性，是孩子与生俱来的。自古以来的捉迷藏、打陀螺等传统游戏，并不需要理性的思考，而完全是孩子们出于本能的感觉来享受的游戏。孩子的大脑和整个身心的发育，绝不是我们凭理性思考就能够想清楚的。学之不如好之，好之不如乐之，孩子们只有在快乐的游戏中，才能真正激发智慧，也能在和伙伴的互动中形成活泼的性格。

父母手记

孩子在上幼儿园，为了他以后上学时能顺利地完成功课，保持领先，我们还是给他有选择地报了课外班，回家也安排了各种需要学习的内容，孩子不能反抗，但我们知道他肯定并不喜欢，总是用买玩具作为学习的交换条件。

设计思路

不要在孩子很小的时候就强加给他那么多负担，与其担心他将来的功课，不如在他对世界充满好奇的时候多培养他的兴趣，使他爱好全面、平衡地发展，这才是一个多面型人才的基础。在家里，给他的房间多准备一些学习和游戏的空间，现在这方面的产品非常多，大人可以根据孩子的兴趣有选择性地购买一些。在家中设定不同的区域，比如小小图书馆，可以在客厅、阳台甚至一个小角落都可以，让他不觉得看书是一件非常"正经"的事，而是一件很随意的事。阳台作为生物区孩子会很喜欢，也可以制造小实验区、手工区，甚至可以在家中指定一个地方作为小舞台。润物细无声，这会比很多家长制订详细的学习计划让孩子获得的知识量更大。

家居改造小贴士

桌椅：小小的桌子和容易攀登的高椅方便孩子在上面做做手工。

楼梯：在楼梯上摆放上孩子喜欢的玩偶，会增加整个空间的活跃气氛，让孩子愿意置身其中。

坐垫：有着丰富色彩的家居用品，对孩子的色彩认知有启迪作用，同时也能增添快乐的气氛。

灯具：区域照明非常重要，它除了起到照明的作用，更重要的是渲染氛围。在暖暖的黄色光源下，孩子更容易集中注意力"工作"。

✿ 真实分享 ·

现在，不上课外班的孩子几乎没有。我原本打算让孩子多玩几年的，但后来扛不过，也给儿子报了英语班。而他的同学很多是在学校有两三个课外班，在校外还有两三个学习班，从英语、画画、乐器到游泳、跆拳道、围棋等，这样真的对孩子有益吗？其实，家长间交流的时候都在说，因为一时还不能明确孩子的培养方向，又怕把孩子耽误了，或者在未来的竞争中输在"起跑线"上，所以就各种班都尝试一下。孩子很可怜，家长也很累，我时常感到很困惑。

直到今年中秋节前的那天，儿子的一个举动点醒了我。那天，他从家里选了五六个他喜欢的月饼盒围着自己摆了一圈，坐在地上打起了"架子鼓"。"大鼓咚咚咚，小鼓咚咚咚……"他当时的那个开心劲我至尽难忘。我忽然意识到，兴趣并不一定非要通过学习班才能启蒙或发展。后来，我就给儿子买了个小鼓，我不会限制他是在拍打家里的奶锅还是鞋盒，我甚至大胆地鼓励孩子表演给我们看，我有时候甚至会挑一首曲子或他喜欢的歌，应和着与儿子一起敲打节拍。

家可以承担孩子的启蒙教育功能，我觉得我们完全可以买个小黑板挂在家里让孩子随心所欲地涂鸦，也可以利用废旧的画报、小毛巾等每月在家搞个旧物改造手工比赛，不但培养了孩子的环保意识，还能激发他的创意思维。当然还可以买一些五彩缤纷的英文字母，鼓励他为家里摆放的物品贴上标签。我们甚至可以教孩子简单的电脑软件操作，比如 PS 照片、收发电子邮件。家里完全可以安排这么多丰富有趣的活动，尤其是在孩子尚不需要进行专业培训的时候，我们的家完全可以成为孩子学习的乐园。

- **利用自由空间激发孩子的天分**

很多家长在安排家居空间的时候，都会为孩子考虑得非常周到，但是我们注意到一个现象，家长在安排居住空间的时候总是用自己的理解来处理。实际上孩子与大人对"家"这一概念的理解是不同的。

儿童对事物的感知更多的是"天生的"。因为他们对大自然的东西会产生最直接的反应，直到接受成人给他的一些"人为的定义"，并以成人的文化进行教育过后，太多的信息开始不停地刺激儿童，反而减少了自己本来具有的敏锐感知力。所以，为了使孩子与生俱来的灵性可以保留得更久一些，我们应该减少对他思维的束缚，给他最自由的空间，让他最敏感而纯真的心性得以舒展。一个家的环境应该最大限度地保持自然的气息和宽舒的格局。家长最好把公共空间尽可能地扩大，室内的房门也尽量不要关闭，要让孩子可以看到爸爸在书房读书的专注，听到妈妈最爱的交响乐，闻到奶奶烧的红烧肉，摸到摆在卧室里的羊毛披毯，这样他会觉得家是通透敞亮的，完整的空间，这对他的心胸开阔会产生益处。孩子与大人最大的区别就是超强的想象力，为了任由孩子浮想联翩，一定要美化他的窗户，要布置漂亮的窗帘，还可以悬挂垂吊的风铃，

要让他随时感受阳光风雨，让他的思想更多地接近自然的气息，让孩子与生俱来的天赋不会更多、更快地被磨灭。

🌸 父母手记

　　现在的孩子爱好都很多，我们一方面高兴，一方面又担心孩子接触得太多，样样好像都会却又不精通。现在很多孩子家里摆放了钢琴、画架子、汽车模型等许多东西，随着孩子爱好的发展，这些还有进一步增多的趋势。而我们很多家庭只不过是百十平方米的房子，怎样才能更好地容纳孩子的爱好与生活呢？

🌸 设计思路

　　其实孩子的爱好广泛是件好事，不要轻易地以父母的喜好来决定孩子的发展方向，非要他学习乐器，没准就会扼杀一个小画家。如果有条件，我们可以把他的这些爱好全部放到一个房间中作为他的一个小小工作室，但对于更多家庭来说，居住在百十平方米的公寓里，就要有更好的空间规划。此时开放式的空间对于正在成长的孩子非常有益，它可以根据需要更轻易地调整格局，灵活多变的空间也会让孩子感觉更自由自在，空间相对大了，视野更广阔，家人也更便于沟通，这些都更有利于孩子的发育。

❤️ 家居改造小贴士

　　电脑：放置在公共使用空间的电脑，可以让大人孩子同时畅游其中。孩子更需要的是伙伴型家长，而非他玩电脑时成为"警察"型的家长。

　　书架：简单的搁板型书架可以非常好地利用墙面空间，也非常便于调节，但要注意不要放过重的物品和书籍。

　　彩绘门：色彩明快、图案美观的彩绘门，可以让居家的感觉非常放松，缓解孩子学业上的压力。

　　地面：公交车上的地板被搬到家中，是非常"酷"的做法，对于青春期的孩子来讲，这个家绝对值得他跟同学去"炫"，自然会留住他的心。

🌸 真实分享 •

O1 案例

我采访了一个叫达家的日本家庭，这个家庭有一男一女两个孩子，达家太太告诉我，买这个房子的时候，就是想要建造一个最舒适温馨的家。孩子的房间只有 10 平方米，但她努力把天花板升高，弄出复式风格，孩子们在自己的房间里会感觉很开阔。两个孩子小的时候一直在这个房间里住上下床，原本各自的朋友都可以成为两个人共同的朋友，虽然房间并不大，但很多小朋友都喜欢到他们家玩。直到女儿六年级、儿子四年级的时候他们搬了一次家，趁此分开设置了两个人的房间。

还有一个叫加藤的爸爸，在选房子上可谓煞费苦心。他说，如果在主要大道的沿线，交通流量大不说，还很危险，另外还会有尾气、噪音、震动等干扰。为了避开这些，他们选择了从大道往里走一条街或者两条街的地点，而且是路的尽头的东南角，车不能通行，光照又好，从内院还能看见小河，非常舒心。

加藤家的是男孩子，所以父母希望他能成长为对四季变迁、花花草草、鸟类的名字等感兴趣的知性孩子。从加藤家的院子里就能看见小河平原，满眼尽是大自然的风光。在河堤上他们还种植有机蔬菜。

后来我又采访了一个叫三浦的家庭，这个家的家居的布置也很有特色。由于孩子特别喜欢植物，所以家里到处是绿色。三浦太太喜欢绘本，收集了很多，孩子也原原本本地继承了过来；三浦先生喜欢收集唱片，想尽量让孩子多听些音乐，一进门就能看到他们一家人的收藏，这也是孩子最引以为豪的地方。

O2 案例

邢岷山的儿子八岁了，以前孩子小的时候儿童房很花哨，现在儿子是小学生了，房间里的东西都更偏重于功能型，以便培养他的良好习惯。装修之初就想好他的房间要有自己的衣柜、书柜、写字台，所有的东西都整齐摆放，每天回来在哪里写作业，作业完成以后玩什么，孩子自己都很明确，这利于培养他的条理性和良好的生活学习习惯。

家里的空间我们也尽量做得开放，有开放式厨房，客厅和餐厅连在一起，挨着的还有阳台，那里光线较好。邢岷山买了酒吧的那种红木小方桌，配上两个吧椅。有日照的时候儿子都是在那里写作业，大人做事情的时候都能看见孩子，孩子也可以看他们，这样大家都很开心。

邢岷山的家里还有一个孩子特别喜欢的魔法门，就是电视墙旁边那扇屏风做的门，邢岷山特地找朋友手工画的，推开屏风门就是儿子的世界了。

在这个家里，孩子觉得自己是主人，而不是处于爸妈之下的次要家庭角色。

03 案例

陈继双有个 9 岁的儿子，小名乐乐，在一家三口刚换不久的新居里，乐乐拥有自己独立的房间。

陈继双会尽量让乐乐自己设计自己的生活空间，对自己的书籍、玩具进行整理归类，参与自己使用的生活用品的颜色搭配，让孩子在过程中产生兴趣，并自动养成好的习惯和独立的品性。他甚至在厨房和阳台也会特意留出一定的空间，让乐乐能够充分参与到做饭和种植植物的过程之中。他还在客厅放了一个小鱼缸，养了四五条小金鱼。考虑到儿子放学回到家，经过一天的学习已经很累了，应该有个缓冲和调节的过程，所以就用金鱼转移一下他的注意力，让他喂喂金鱼，或是给鱼缸换换水，让他精神上得到放松，再去学习效率也会比较高。

"乐乐现在思考问题逻辑就很清晰，一件事情的好处和坏处，他都能分类进行判断和思考。"一谈及孩子，陈继双神情中饱含着骄傲。

亲子交流——打破传统家长观念，家居设计切忌等级森严

李开复在一次演讲中提到："美国有一篇著名的文章，用数学方法分析那些最成功的人，结果发现在任何工作领域里，情商的重要性都是智商的两倍。"智商 80% 靠遗传，那么情商要靠什么获得呢？大量的科学研究证实，情商完全可以靠后天的培养和教育获得，因此童年时期是情商培养的关键期，而气氛融洽、自由自主的家庭环境便是培养高情商的重要因素。

沟通能力是情商高低的直接体现，成功的家庭沟通，应关注以下因素：理解、关怀、接纳、信赖和尊重。高情商的父母应该懂得建立一种积极健康的家庭交流关系，改变父母是决策人、孩子是接受者这种僵化的家庭角色分配。

在家居环境中，应注重构建并丰富家人之间的交流平台，让孩子感受到父母对他的关注，这样父母便能够在孩子不同年龄段，及时了解孩子的内心需要，帮助他们调整心态，这种润物细无声的方式会让孩子自信、独立、正确地认识社会，与人沟通。

要培养孩子在成长过程中所需要的动力，家长与孩子之间有高质量的交流是非常重要的。父母幸福的样子经常被孩子看到，父母与孩子之间共享各式各样的话题，以及真诚地与孩子进行情感沟通，都将会扩大孩子的兴趣范围，使孩子的情感更加丰富。所以拥有良好的交流沟通条件，是培育聪明孩子不可缺少的家庭条件。

在聪明孩子的家里，孩子们玩耍及学习等大多数活动都是和家人一起在客厅里进行的。家人之家的谈话很多、整个家庭氛围非常活跃、明快，给人留下很深的印象。

在走访了二十几个正在实践培养聪明孩子家居的日本家庭后，我们发现妈妈们非常注重与孩子之间的沟通交流。有一个妈妈说，平时上班很忙，下班接了孩子回家后时间也很紧张，但是即使是在这种情况下，每天也要尽力抽出10～20分钟时间与孩子一做游戏、玩耍，以此进行母子之间的交流。这样孩子会得到一定程度的满足，随后可以独自一个人去玩，即使妈妈在厨房里忙来忙去，孩子也可以一直在身边乖乖地玩耍。

一个叫达家的日本家庭，他们家的沟通方式也非常独特，他们利用暑假，每年出去宿营三四次。女儿一年级、儿子幼儿园的时候，老公利用一个月的休假时间和孩子们在外面度过了两周的宿营生活。路上遭遇了台风，帐篷摇摇欲倒，最后是一边寻找山间小屋一边前进。吃饭也是生火之后用饭盒焖米饭，首先爸爸不生火就没法做饭，而爸爸不开车也无法前进……所以孩子们都深切感受到爸爸在守护着这个家，守护着他们。

到了搭帐篷的地方，首先要把行李搬下去才能搭帐篷。孩子们也跟着搬一些自己拿得动的东西。这个体验是改善亲子关系的宝贵财富。

去年，两个孩子已经分别是 26 岁、24 岁，趁着黄金周，他们又故地重游了一次。

现在他们也常常说起宿营以及滑雪时的故事，这真的是很好的体验，大家都感受到"爸爸是中心角色，很多事情都是他示范了，我们才会。"

还有一个叫田中的家庭，这个家里有四个孩子，这位妈妈也讲述了他们家独特的沟通方式：在孩子从学校刚回家的这段时间里，大人一定会呆在家里，要在孩子回家后第一时间看到孩子的脸。从孩子的表情中大人可以感觉到今天是否有好事发生，如果哪个孩子情绪稍有不振，过一会儿大人就会问孩子："今天在学校怎么样？"以探虚实。在这个家里，大家彼此通过对话进行多方交流，所以对孩子兴趣的、苦恼的以及正在努力干的事情大体都很清楚、很了解。

孩子的生日大家一起庆祝。生日临近时，不是生日的孩子们协商一致，偷

偷地在一张大的纸上各自写上祝福的话，还画上了画。在生日的当天早晨，大
家怀着共同庆祝的心情，将制作完成的纸贴在墙上。为了一个过生日的孩子，
其他人共同做一件事情，共同装饰房间，这是一个非常宝贵的时刻，大家都很
珍惜这个习惯。

看了这些日本家庭的故事，总会让人觉得有一股暖流在心中涌动，可最
近中国调查网一项近千人参加的调查结果，却让大家有些担忧。调查显示：
42.6% 的家长下班时，孩子已经睡觉，32.6% 的家长从不陪孩子聊天，33.1%
的家长很少陪孩子聊天；27.9% 的家长从不陪孩子出去玩，经常陪孩子玩的只
有 24.6%。尽管 70% 以上的家长觉得经过此次调查后应该尽量抽时间陪孩子，
但不少人认为，这只是一种美好的愿望。

有一个女孩在回答老师的"你最大的愿望是什么？"这个问题时，竟然说
希望自己的爸爸永远生病，因为爸爸只有在生病的时候，她才可以和爸爸在一
起玩。

看了这些真让人辛酸，也许我们都有一个共同的理由——为了孩子，但静
下心来想一想，在忙与累之间，我们有没有忽视什么？

● 改造公共区域，你就可以与孩子有更多交流

孩子上学了，有了自己的朋友和学习生活，但有时总喜欢把自己闷在房间
里，后来甚至发现他的抽屉还安了锁。他越来越不愿意与我们待在客厅里，做
父母的当然很着急，可是又不知道如何改变现状。

其实孩子在不同的年龄有着不同的需求，这就需要家长们仔细地观察和调
整。家中的功能空间划分得过于细致，也不利于家人之间的沟通，建议减少公
共空间的隔断，这样即使孩子在客厅，也可以与晚归坐在餐厅吃饭的爸爸多说
上两句话，时间长了，孩子渐渐也就有了更多的交流欲望。

孩子被学校第一次请家长时，家长都会很惊讶，因为他在家一向很乖巧，
并没有异常的举动，可学校的老师却说孩子不听话，对老师的要求比较抗拒，
大人左思右想都不知道是哪里出了问题。孩子有时很需要父母的关注，但又不
希望是单纯的说教，要尝试与他们沟通，而不是单纯的建议和要求，家中只需
要一张长长的大沙发，一个舒适的谈话环境，让孩子能平等地坐在父母身边，

平和地说出自己的心事。这不仅需要单纯的环境帮助，还需要父母循循善诱、轻声细语地与孩子交谈，尝试着做他的朋友吧。

开放的空间能够让家中每个人的活动都尽收眼底，不会让每个家人都在不同的封闭区域独自活动，彼此有疏离的感觉，避免孩子会觉得自己不受重视，与大人越来越没有话说。

打开家里的空间，孩子可以在很多地方做自己喜欢的事情，这一定会刺激孩子的求知欲，日本的渡边朗子教授把这种在家里游览、移动或者学习的方法，称为游牧民式方法，所谓游牧民式方法，就是不拘泥满足于固定的土地而放浪生存的方式，这种方法一定可以促进人的创造性。孩子们本身就是充满好奇心和探求心的群体，作为父母，不要去斩断这种无限的可能性，而应该尽我们最大努力，从家居布置的角度去延伸孩子的这种探求的可能性。

良好的开放空间还能增进家人彼此间的注意力，让孩子从小就感受到家庭的和谐气氛，培养聪明孩子最大的条件就是让孩子在家里和家人进行充分的沟通，无论在家里的哪个地方，都能感受到家人的存在。如果从最开始提供给孩子完全独立的房间，孩子就会产生"这是我自己的房间，做什么都行"的误区。

🌸 父母手记

孩子上学后，有了更多自己的想法和个性，作为家长自然很高兴，当然想与他能有更多的交流。此时不妨对公共区域做一些改造，便于家人之间的谈话交流。

🌸 设计思路

在条件允许的情况下，将公共区域打通，如餐厅与客厅或者厨房与餐厅等，如果客厅与阳台之间不是承重墙，甚至可以打通这个空间加大公共空间的面积，从而保障家人不在同一个区域的时候也能相互看到、有所回应。孩子长大后有了自己的空间和生活圈，要记得保证他的隐私，在没被允许的情况下不要去他的私密空间，但要保证公共区域内的交流平台，让孩子随时能够感觉到家长的关心。

 家居改造小贴士

油画：一幅"暖暖内含光"的绘画作品胜过千言万语，幽默的画意就可以让家温暖亲切起来。

沙发：色调清淡的长沙发营造了一个平和的谈话氛围。

卧榻：舒适宽大的古典床榻足够容下大人小孩舒服地或坐或卧玩耍嬉笑，增添愉快的气氛。

窗户：落地玻璃窗让室内明亮通透，能够保证心情愉悦，这才是沟通的最好前提。

花：用柔美的花来装点家居可以令环境轻松惬意。

🌸 **真实分享**

这是加藤爸爸的故事。在加藤的起居室正中间放着一张板材制成的桌子，他特意选了面积如同会议桌那么大的，为的是一家三口可以同时在这里做自己想做的事情。虽然大家做着不同的事情，但是偶尔相互"干扰"一下，会有彼此分享的温馨感。

加藤爸爸的秘诀就是增添了一块家人有机会"共事"的园地。面积大的家庭还可以把开放式厨房的岛台设计得大一点，妈妈做饭的时候孩子也可以在旁边翻童话书，而当孩子看见妈妈切洋葱时流眼泪的样子，他可能会好奇又着急地看着你，这个瞬间相信妈妈会感受到孩子对自己的爱，而妈妈对流泪的解释其实又会是一堂最生动的"生物课"。面积小的家庭可以利用飘窗区域或阳台，那里不正是一家三口分享好时光的最佳地方吗？

• 设立一个"谈话角"，孩子更容易亲近你

孩子不听话，大人就想好好"教育"他，虽然现在的父母不再主张体罚，但却经常口头教训，认为只有这样严肃才能引起孩子的重视，并使得孩子听从，然而常常事与愿违。无论孩子多大，都需要一个平等的对待，不要让孩子站在你面前罚站似的听你说教，反而是聊天的气氛可能会更容易让他听进去。家长尤其还要避开其他的人，尽量减少参与谈话的人数，否则孩子会觉得自己被"围攻"。只有两个人的谈话完全可以更亲密，一个角落就足够了，可能是小阳台，可能是父母卧室的地毯上，也可能是院子中的秋千上，如此轻松的谈话角并不代表态度不认真，而如果这个谈话角被习惯使用的话，其本身就成为一个你要与孩子谈"正事"的标志了，孩子会很快意识到彼此需要"好好聊聊"了。

有时候，良好的沟通是从一个姿态开始的，当孩子愿意与你交谈时，也许是你"坐"对了地方。在家中，很多角落都很适合安放一把椅子，在一个相对安静、轻松的空间里可以与孩子谈谈心，在自然而然的交流中，孩子会觉得你和他是平等的，大家是在聊天，而不会让他们以为是被教训，你说的话他也更能听得进去，而不会产生抵触情绪。

• 父母手记 •

家里有个角落，孩子小的时候，我们常把那里作为与孩子一同游戏的空间，现在孩子大了，有些事情我们觉得有必要"和他谈一谈"。但在客厅当着众人会让他的小面子挂不住，在他的卧室他又觉得是来找他谈话，很抵触，因此我们想是不是可以设立一个谈话的专属角落呢？以后"正事"就与孩子在那里谈。

设计思路

　　在客厅甚至阳台我们都可以设置一个小型的交流空间，两把椅子或者小小的沙发，再放置一盏温馨的灯，有条件不妨再放上一个小书架，一块温暖的地毯，几株绿植，这样就形成了一个温暖的小空间。父母可以与孩子在这里看书、聊天，或者一起浇浇花，不用过多的语言，就能创造一个舒适的沟通环境。而当孩子有"问题"时，我们也可以在这里与他进行正式的谈话，因为他平时已经习惯了在这里与你交流，说起正事来大家也会更平和。

♥ 家居改造小贴士

　　窗台：依窗而制作的长卧榻足够让大人孩子面对面地各自伸展身体，用最舒适的姿态进行一场亲密的谈话。

　　小床：形如玩具的小床可以让孩子感受到童话世界中的无拘无束，从而更愿意向大人打开心扉。

　　斜顶：挑高的斜顶不会产生压抑感，让人得以放松。

　　扶手椅：低姿态绝对是谈话双方一个良好的开始，低矮的椅子迁就到孩子的身高，在聊天谈话时他能更加放松。

• **真实分享** •

01 案例

如果将客厅作为大人专用空间的话，孩子的乐趣会减少，这将导致沟通、交流不畅。应使孩子强烈地感受到，客厅是家人共同享有的地方，这里是自己最喜欢待的地方。在客厅的墙壁上挂上孩子的画，由于孩子自己的作品被庄重地展出、装饰，孩子会感到高兴自豪，也能实际感受到爸爸妈妈对自己的关注。像这样将孩子的作品及照片进行装饰时，在孩子视线略微低一点的位置进行悬挂是最佳之处，这样孩子随时都能够看到。

02 案例

有时候，我真的不明白孩子在想什么，他从不直接说出自己的意见，我经常去他的房间中同他说话，但总是感觉很不好，他靠在床上头往里一歪看着书，谈话常常进行不下去。开始我很烦，常常责怪他听不进我说话，两个人关系很紧张。后来，我静下心来，慢慢体会他的感受，明白在他的房间中说教会让他产生自己的空间被人侵入的厌恶感。我改变了说话的地点，调整到早餐台。在周末，晒着温暖的阳光，吃点儿水果和零食，比关在他的房间中单纯地指责更能让孩子接受。

我们从这件事中得出经验，孩子的感受和他们的行为有直接的联系：孩子有好的感受，才会有好的行为，父母在遇到这样的事的时候，不要单纯责怪孩子，而要首先检查一下自己的行为是否有不让他们接受的地方并且及时调整。其实孩子有自己的感受，但他们不善于表达或不愿意表达时就很麻烦了。

• **厨房也是情感交流空间**

良好的沟通能力是孩子将来进入社会后的强大动力，千万不要让孩子丧失面对外界的勇气。如果希望孩子变成一个善于沟通的人，就要从家中开始改变，要多与孩子对话，谈论一些他们感兴趣的话题。例如，可以在厨房内开辟一小块台面，让孩子在闲暇时同母亲一起做些力所能及的事情，然后开始一次良好的谈话。

　　厨房通常是妈妈给孩子划定的禁区，虽然有时候把孩子隔绝在视线之外妈妈也很焦虑，但总好过因为无暇照顾孩子而发生意外吧，毕竟厨房里有太多的危险元素。是的，妈妈这样的担心是很正常的。但我们也不能因噎废食，使厨房成为自己与孩子无法交流的空白地带。办法总比问题多，不是吗？

　　好吧，来尝试下把厨房的工作分好步骤，在不接触电器、刀剪和炉灶的时间段里与孩子共处。比如，择菜、洗菜的工作比较简单，学龄前的小孩子是完全可以参与的，哪怕他只能洗一个西红柿或两片菜叶他也会开心的。再比如年纪大一点的孩子，你可以边包饺子边和他聊聊白天学校里发生的故事，你也可以和孩子说说自己在下班路上的见闻，或者陪他练习一下与厨房用品或蔬果相关的英语单词，这可比让他关在书房里死记硬背效果好多了。只要类似的一些厨房工作并不存在危险性，完全可以与孩子保持正常沟通。

　　而如果可能的话，不妨将厨房的格局改变一下，你可以尝试将相邻的一部分空间纳入厨房的范围，或者把厨房与客厅的隔断墙打通，安装透明推拉门或索性做成时髦的开放式厨房。你还可以仅仅把危险系数高的烹饪区单独隔出去，这样不但缩小了油烟蔓延的范围，还能扩大操作区，也就是扩大了你跟孩子交流的空间。

　　假使任何改造都不可能或你觉得太麻烦，也可以在厨房内做一个小小的吧台，或者在离灶台较远的墙边安装一个可以折叠的小桌板，让孩子在这里玩玩具、做手工，甚至帮妈妈揉面团儿，在这个过程中，妈妈和孩子之间不但可以聊很多轻松的话题，孩子也可以在妈妈的忙碌中体会到她为家庭的付出，并学会感恩，这样的机会不正是家长们期待的吗？

❋ 父母手记

　　我和爱人平日工作忙碌，与孩子交流的机会比较少，吃完晚饭和收拾家务后就快 8 点半了，检查完孩子作业就要忙着孩子洗漱催促睡觉，很少有时间跟孩子聊天交流，因此想对厨房进行一下改造，让这里成为亲子交流的一个新场所。

· 🌸 设计思路 ·

　　孩子年纪还小，即使上学的孩子平时功课也很多，让他们去厨房帮忙是不太可能的事，不妨将厨房内的台面清理出一部分，作为与家人互动的空间。在周末或者每天孩子刚进家门吃点东西的时候先有个短暂的交流。不要忽视这个短短的二十几多分钟，你基本可以了解他在学校发生的事情或者他近期在关注什么，他也能知道最近你在忙些什么，彼此加强关注。而在周末或者假期，可以在这里共同做做早餐，或者你在做饭时，他也可以"腻"在你的身边。

❤ **家居改造小贴士**

吧台：吧台上一些简单的榨汁、调味的操作可以让孩子在一旁看得津津有味，甚至可以让他参与进来，拉近他与大人的距离。

椅子：为孩子在吧台前准备一张安全舒适的座椅，而不是大人常用的吧凳，这会让孩子感受到你对他的关爱。

壁纸：精美的壁纸，改变了厨房煎炒烹炸的传统环境，这也能令妈妈放松一些，相信妈妈谈话中不会再是除了警告就是唠叨了。

花瓶：给厨房一些自然的气息吧，在这里你可以让孩子用今天买来的蔬菜或水果替代普通的插花，孩子会因为这个小小的举动而培养创意和自己动手的能力。

● ✿ **真实分享** ●

○1 **案例**

在妈妈安培眼里，女儿正是可以帮忙的时期，能干的活就让她干。虽然要花更多的时间，但可以让她做些搅拌、撕碎等配餐的活。此外，在制作情人节巧克力时也可让她做些像搅拌一下溶化了的巧克力，再分类之类的活。在宴请客人时也可请孩子帮忙，会显得很热闹。

买菜回来，要孩子帮忙从筐里拿出蔬菜，然后放入冰箱，让孩子记住众多的菜名，孩子在触摸带泥土的蔬菜时会感到很兴奋。

妈妈站在厨房里，孩子们玩耍的样子也可一目了然。对于孩子来讲，吃点心及帮忙干活都可以经常和妈妈在一起。父母感到十分的放心，他们在充满了温暖的家中培育着孩子们。

○2 **案例**

耿先生的家不是很大，但他们还是坚持把厨房的灶台单独分出去，安放在靠近窗户的一个小空间里，厨房用来做其他事情，这里不用充满油烟味。耿先生在洗菜槽对面设了个小桌子，这样，妈妈在做饭的时候就可以让孩子待在厨房。有时她会叫孩子画各种食材，在这个过程中告诉她这个东西是什么，怎样生长出来的，哪个季节产，哪里比较多等等一系列知识，孩子非常感兴趣，渐渐地对画画、自然、地理多了兴趣。

• 如何用平等的空间感培养孩子的自信心

前几天跟星星语儿童自闭症研究中心的田惠平老师聊了会儿天，让人特别感动。她说实际上每一个生命，不管他以什么样的方式来到这个世界上，哪怕是智障、残疾、自闭症……他都会让妈妈有所学习、收获的，因为每一个生命都是不同的风景线。这个世界就是因为有不同生命、不同的存在才更加精彩。所以每一位妈妈要懂得认可孩子，用平等的心态看待他的形象，让他真的成为一个独立的家庭成员，而不是由你安排的一个小角色。在家居空间布局的信息传递上要让孩子感到，每个人空间布置的区别只是因为喜好不同，而不是地位差别，这样也更容易让孩子对家有归属感和认同感。

青春期的孩子通常认为自己已经长大了，非常渴望被认同，希望家长不再以对孩子的口吻来对他们说话。这个时候的孩子很敏感，家长应该非常关注他们内心的成长。

而对于四五岁的小孩子，在家长眼里他刚刚脱离父母的怀抱，刚刚会独立地做一些小小的事情，而孩子会觉得自己已经自由了，他喜欢幼儿园里和好朋友们在一起的感觉，他也希望妈妈看到他的成长，不要再拿他当做小小孩。

🌸 父母手记 •

孩子一旦开始有自我意识，他首先就会不自觉地把自己和其他人作为分开的个体来看待，但他只是有"我的"和"你的"的概念，并不会觉得吃的、穿的、用的、坐的、看的都要不同，他们很多时候都不明白"为什么你可以，我就不可以？"不如就让我们把孩子当做一个朋友吧，别搞什么特殊化，或许家长们会发现以前还真是小看了这个朋友呢。

🌸 设计思路 ·

　　家长应该多了解成长阶段孩子的内心需要，同时应该像对待成人一样开诚布公地与孩子对话。如果书房够大，可以加大书桌，并摆放两把椅子。父母自己上网或查找资料时，可以请他到自己的书房来一起学习或阅读，有时孩子也很想知道父母在关心什么、做什么。而孩子在儿童房里练国画的时候，爸爸也可以把自己的笔砚搬过去在旁边给配上书法，两人共同完成一幅作品。当然，这种设置不只是适合年龄较大的孩子，在孩子很小的时候，你也可以邀请他在你读书或看报的沙发里并排坐下做手工，即使在他身后要加垫三个靠包。共进晚餐的时候也无须给他准备儿童碗筷，因为孩子早不是乱抓乱扔的婴儿期了，他喜欢和你用一样大的汤勺呢。

❤ 家居改造小贴士

　　书桌：在你的书桌前多一把椅子，这似乎最具平等的姿态，当孩子能和大人这样对话时，他内心里会有"像是谈判"的兴奋劲，他会觉得自己和你一样棒。

　　书架：给他一个"体面"的书架，不是那种只有两块木板的搁架，他想和你一样把自己的书很"正式"地收藏起来。

　　梯子：方便让孩子上下查找书籍，同时也告诉孩子，你可以使用这里的一切，让他感受到信任和认可。

飘窗：书房里，最适合家长和孩子就一本书各自发表看法，坐在飘窗前谈及这类话题时气氛会变得十分轻松，思想也会因此飞扬。

真实分享

01 案例

儿子 11 岁了，有了小伙子的模样，想摸摸他的头他会不自然地躲一下，想与他聊会儿天，也总被他关在门外，这个时候我总会有些无奈。后来，我们调整了空间的安排，让儿子的卧室和书房门对门，这样可以让他享有足够的私人空间而不必担心被打扰。儿子房间只是室内门同家里的整体风格保持一致，而屋子内部的整体设计都是按照儿子的构想，由他亲力亲为进行布置的。这样既维护了家里的整体格调，也满足了儿子的独立愿望，而当儿子有事情想与我交流，或者在完成作业想查阅我的资料时，我的书房门又是随时为他打开的。

当我用平等的心态思考这件事的时候，我觉得这个年纪孩子的这种行为还是很正常的，他并不是因为要排斥谁才这样，而是要求拥有独立空间的一种态度的表现。他不愿对家长打开门，家长却可以向他打开门，书房是最好的谈话空间，彼此坐在书桌前可以进行较为正式的认真对话，而放松时，坐在飘窗前与他"侃侃"时事新闻或者从你的书架上选本书给他阅读，相信他会很乐意接受你对他成长的这种认同。

02 案例

女儿上小学的第一天回家后，向我宣布："以后不要在同学面前叫我宝宝了。"看着她认真的小模样感觉很可爱、很可笑，当然，这要求也一定要答应了。

上学以后，孩子长大的意识就越来越明确了，她不再是大人膝盖上的乖宝宝，而是她自己。如果看到她的房间有些凌乱，不要再主动帮她收拾，要开始懂得尊重她的隐私。我为她准备了几个形状不同、图案鲜艳的收纳箱，然后在周末的时候配合她一起整理。看上去，可能是大人不帮忙，但孩子心里会感谢你的尊重，另一方面，也要让孩子真正开始学习生活，自己的事情自己做，这种基于平等的交流方式对孩子的健康成长大有裨益。我们还可以创造与孩子一起分享的氛围，让她感受自己真的是家庭成员之一。我会找一些适合她的书和她一起看，然后彼此交流心得。我还把家人的合影洗出来，选一部分贴在柜门上，看照片的时候跟女儿讲她小时候的趣事，或是自己小时候跟她外公学游泳的故事。她好奇我和他爸爸的相识，我也会告诉她一些浪漫的往事。每次分享这些照片背后的故事，我都能深切地感受到我们亲近了很多。

03 案例

李女士一儿一女，她自以为公平地为孩子们安排了两个儿童房。女儿好学但过于沉静羞涩，儿子顽皮且注意力不集中，两个孩子经常待在各自的房间里。后来我发现他们的性格更极端化，而且姐弟俩越发玩不到一起去。我决定把两个孩子安排在一个房间里住，另一间则是他们的公共书房。我为他们选了双层的儿童床，姐姐睡上层，弟弟睡下层，床头柜上摆着两个人各自喜欢的东西，卡通玩偶、植物标本、漫画书……弟弟的睡前故事由姐姐来讲，第二天，我或者他爸爸会在他们的房间里听弟弟复述那个故事，等到晚上，姐姐再讲新的故事给他听。这种方式，养成了儿子认真听故事的好习惯，而且他觉得我们在看他"表演"的时候，也像个小学生一样坐在小板凳上认真"听讲"，他觉得自己和大人也更亲近、平等了。这同时也培养了姐姐与人交流的能力。小书房的书桌只有一张，两个孩子共用，他们不但可以在写作业的时候相互"影响"——弟弟在姐姐的带动和辅导下变得踏实了许多，而弟弟拉着姐姐做游戏的时候，姐姐也变得活泼了。由于在一起的时间越来越多，姐弟俩还培养出许多共同的爱好，现在感情非常好。

● 如何利用"低姿"家居走入孩子的世界

相信每位家长都有这种体验：孩子在玩的时候和他说话气氛最愉快，他也最听话。尤其是一些关于玩的话题，更能吸引他们的注意。例如："陀螺怎么能转得快？""大狗熊真的是瞎子吗？"你感觉孩子似乎听得漫不经心，但下

一次你问他时，他一定会说出正确答案，因此，可以把一些重要的问题放在调节好孩子的情绪后和他好好谈一下。

"玩"是一种非常好的体验，日本最著名的脑外科医生林成之教授也在他的育脑方法中提到，人的记忆主要分三种：运动记忆、学习记忆和体验记忆，而三天就忘也是大脑的本能反应。只有通过体验获得的记忆才是最难忘的，所以就有行万里路胜过读万卷书的说法。而"玩"本身是最能帮助孩子形成体验记忆的方法，很多教育在玩的时候进行也就非常有效。

❀ 父母手记 ·

现在家中都是一个孩子，大人不仅是家长，还是他们的伙伴，但让三四十岁的人模仿小孩的样子，会很尴尬、别扭，我们要想一个好办法进入孩子的世界。

❀ 设计思路 ·

如果你是这种家长：总是忘不了自己的身份，也放不下架子，不会陪着孩子趴在地上玩小汽车，看着他们画的画嘴上说"真棒"，但其实心里不知所云，那么你不妨在家中做些小改造，多设置一些低姿家具，例如地台、矮凳，哪怕是地毯，这种调整重要的是放低姿态和孩子能平视地交流，按他们的视角观察周围的一切，这样你们就能坐在一起搭积木、摆兵阵，也就不难找到共同的话题了。

❤ 家居改造小贴士

椅子：造型可爱的椅子是空间中轻松的分子，活跃着气氛。

棋盘：家中应该准备一些桌游玩具，在休闲的时候与孩子一起游戏，会大大提升亲密指数。

地毯：舒适温暖的地毯方便大人与孩子之间进行低姿交流，一同坐在地毯上打会儿游戏，会让孩子觉得"真够哥们"。

壁纸：富有创意的壁纸让空间"低龄"化，但又不会太幼稚，无形中就拉近了大人与孩子的距离。

✿ 真实分享

有一天，5岁的儿子抱着棋盘过来和我说："爸，咱俩来盘棋吧。"那口气完全是一小大人，其实最后一盘棋下得很"乌龙"，但感觉两个人亲近了很多，因此我想，我应该朝这个方向做些努力。家长选择与孩子在玩中交流是聪明的做法，这个时候彼此都很放松，谈话的气氛也是最融洽的，涉及的话题可以由玩展开到学习和生活各个层面，而孩子在这个时候也不会是带"刺儿"的。后来我们在客厅设立了一个游戏角，这个位置是我和他的妈妈仔细考虑后选择的，在他的房间有时他会觉得有些小秘密不愿意让我们知道，在书房他会觉得好像家长有说教、训话的感觉，所以我们选择了大家都习惯待的公共区域。周末的时候我们全家一起加入，这样其乐融融的氛围形成了非常好的沟通基础，期待儿子以后到了叛逆的青春期，也能和我们进行真诚友好的交流。

审美教育——关于美，家长是老师，家庭是课堂

有数据显示，在中国，幼儿园、小学、中学的孩子曾经在美术馆欣赏过艺术作品的人数比例仅为1%，这是多么令人可叹的数字。大多数中国家庭都非常注重学习，但都单纯地看成绩单上的数字，而忽略了美育也是学习的一部分。

巧妙地利用具有亲和力的暖色调，会让人与人之间的感觉亲近，孩子在无形中便能受到色彩的影响，这完全不是枯燥的教科书所能产生的效果。在宽大舒适的沙发边铺上一块质地天然柔软的地毯，孩子可以自由自在地在大人的身边玩耍，不会感受到因为自己小而被大人排斥，同时成人间得体的谈吐，斟茶倒水时的礼仪，都会对孩子产生积极的影响。

美育以"真、善、美"为根本，存在于生活的种种细节中，如俄国学者车尔尼舍夫斯基所说："美是生活，美是生活的教科书。"家庭作为孩子的第一课堂，应该架起他们奔向美的桥梁，从而让他们渐渐将自己羽化成一个拥有美好情感的人，一个具有独立审美见解的人，同时也是一位热爱世界和文化的人，赋予孩子这样丰富的情感教育的家长，才是真正懂得生活的人。

• 让孩子在家居中享受细节之美

很多家长都有带孩子到户外玩的经历，大人会发现孩子总能看到他们看不到的小虫子、小石子，一队小小的蚂蚁也能让他们兴致勃勃地玩上大半天。其实，人类从儿童时期便懂得用发现的眼睛寻找细微之处的乐趣与美，只是这在大人的眼睛里实在微乎其微，慢慢地就被成人喜欢欣赏的大山大海所掩盖住了。

　　大山大海固然有其壮美的一面，但如果没
有良草俊树，如果没有浪花细贝的话，将会多么的空洞。

　　四壁加一地一顶是家的基本组件，这是由一件件家具，一张张
照片，乃至一花一叶慢慢织构起来的，对这些小小细节的关照足以窥见主
人的用心和品位。一个生活在细节之美无处不在的环境中的孩子，长大后双
眼与内心会捕捉到什么？不用说，你也能猜得到。

　　不要担心孩子会打碎物品就擅自"罢免"他使用安全环保又精美轻盈的
骨瓷饭碗，其实，或许大人洗碗时打碎的碗不一定就比孩子打碎得少，而且
用这样的器具孩子也会知道惜美珍物。不要因为卫生间的潮湿阴暗，就不注
意它的整洁与美观，正因为它是家中的私密地，更应用尽心思将它扮美，甚
至可以极尽想象让它展现出妩媚的姿态，一幅画或是一个怪趣的小玩偶就能
带来细节之乐趣，这样孩子在便便时都不会觉得无聊，他会很得意："生活中
怎么总有好玩的事。"在美的事物上做一个不马虎的父母，你会得到一个与美
相生相长，审美绝不马虎的孩子。

• 父母手记 •

我和丈夫一个是 60 后一个是 70 后，应该说是靠艰苦创业才有现在的生活，现在也能提供给孩子比较好的物质条件，但有时担心太优越的生活会害孩子，可生活中我们又常常会说："时代不一样了，对孩子的教育也应与时俱进。"这两种态度很让人纠结，就比如对孩子房间的装饰问题，我们希望让她在美丽的房间做我没能做的公主梦，但又怕太唯美了，她每天真的做着公主梦，最后再养成大小姐脾气。我该怎么做呢？

• 🌸 设计思路 •

家长的担心是可以理解的，但孩子的性格养成更多是由父母的熏陶和后天培养成的。孩子的房间应该在尊重他意愿的前提下，由父母用心布置，延续梦想没有过错，唯美亦能让孩子感受到生活应该有的质量，这其实是在培养和提升未来社会人的基本素质，是利大于弊的。但呈现给孩子的美感，家长还是要注重选择自然与童趣的素材，丝与缎等适合成人使用的奢华材质要尽量避免，多选用纯棉或亚麻质地的布艺，既富有品质又朴素安静。

❤ 家居改造小贴士

壁纸：尽管壁纸的色彩艳丽，图案也较为繁复，但细细看却充满了趣味，孩子居住其中也不会感觉孤单，对其性格的塑造具有良好的影响。

床幔：用纱质床幔来装饰床头，既弥补床头凹陷处光线阴暗的不足，又令空间产生唯美的视觉感受。

床品：纯棉质地的床品在细节上非常考究，既富有品质又朴素安静。

花：花在任何时候都不会多余，永远会带给人心灵的美好享受，但一定要注意选择无毒的花卉。

床头凹陷处：在凹陷处运用两种浓度的粉色壁纸，提亮了小空间，同时理性的条纹刚好中和了花卉所带来的热烈。

真实分享

O1 案例

　　每到周末，儿子都会跟幼儿园几个要好的小朋友约好互相串着到家里玩，前天一个小朋友的妈妈告诉我说看到孩子的行为，就能看出父母的教育。这个妈妈接着说，我的儿子一进她家就脱下外套询问应该挂在哪里，还把换下的鞋子自觉地摆放整齐，一看就知道家教不错。这让我这个做母亲的感到格外开心，非常有成就感。后来我还发现自己因为曾经给家里的桌椅腿套上了防止磨花地板的布套，以至儿子给他的小木马也套上了布袋。还有我家的那个汤匙是带个折角的，这可以卡在碗边不会滑落，筷子也是配了小架托的，所以孩子吃饭的时候很斯文，外出吃饭的时候别人也常夸他懂规矩。这一切让我体会到注重家居生活细节对孩子良好生活习惯的培养是多么重要。

O2 案例

　　随着孩子的成长，他的兴趣也在不断变化。我们不是保守的父母，而是给他自己布置房间的权利，但他房间里的一些装饰物，比如过于搞怪的爆眼珠的玩偶，还有动漫里形象比较暴力的生化小人，摆在房间里我们认为并不美，而且对他的性格也会有不利的影响。

　　当我们要求他放弃的时候，他反而以"叛逆"的姿态向我们的"强权"挑战。于是，我们反思了自己的态度，并转向孩子的角度尝试去理解他。我们发现他摆这些"恐怖"的人偶并不代表他崇尚这种生活，只不过是朋友来做客时可以炫耀一下他的酷罢了。因此，我们也学着用幽默的方式来化解这种局面。我们更加努力地把家布置得优美整洁，将他的房间命名为"异度空间"，彼此"嘲笑"一下，气氛就缓和了。这个僵局解除了以后，我们开始为家里增添了一些非常有艺术感的工艺摆件，还特意为了培养孩子对色彩搭配的审美，应季应景地更换窗帘的颜色，并同时更换了与之协调的床品图案，我们还会让他也跟着一起创意，把家里的可移动家具变化一些组合形式，为家居环境增添新鲜感。现在，从孩子的美术画作中，我已经欣喜地发现他的转变，看来这种家庭熏陶式美学教育是多么自然且成效显著呢！

○3 案例

小竹的妈妈很喜欢带小竹去博物馆。在参观的过程中，妈妈告诉小竹古代人用什么样的碗吃饭，用什么样的笔写字，连"铅笔盒"都比我们现在的讲究，还故意夸张一下语气，表现出很羡慕的样子。这让小竹也无比憧憬起来，在家中也不怕麻烦地开始用上了漂亮的陶瓷杯碗，因为妈妈给小竹选的杯碗非常漂亮，小小的白色杯子底有朵粉色的莲花，倒上水后会感觉莲花在跳舞。而小饭碗是骨瓷制的，外形像个蚕豆瓣，米饭装进去闻着都格外的香，因为每样器具又精美又有童趣，小竹很懂得惜物，现在陪妈妈逛街还能帮妈妈发现很多漂亮的宝贝。

○4 案例

乐豆儿的爸爸妈妈是环保的倡导者，所以在家中尽量避免使用一次性用品，塑料制品也很少在他们家出现，因此家中要添物件的话就有一个基本要求"既然是我们要反复使用的，那就选结实的，而且是好看的"，所以家中用的盆是很不容易淘来的黄铜盆、搪瓷盆，暖水瓶也是绘着喜鹊登枝的铁壳暖瓶，招待客人的杯子也是瓷的、玻璃的，造型与色彩各不一样，他们还开玩笑地说"每个杯子都是专属的，不用做记号，下次来还是你的"。因为环保而成就了孩子的好品位，他也从家长的环保居家中自然而然地受到有益的熏陶。

• 利用客厅塑造孩子的热情性格

当很多家长抱怨："这孩子的脾气越来越怪了，来了客人也不知道打个招呼"，或是"唉，现在的独生子都'独'惯了，就和同学有话说……"这些家长有没有想过孩子小的时候，是不是很高兴家里有人来做客呢？客人来的时候是不是总爱围在大人的旁边，甚至做各种举动引起聊性正高的大人的注意呢？而这时的你做过什么？是不是会说"这小孩人来疯，不用管他"，"去去去，大人正说话呢，别老捣乱"……如今再抱怨孩子的时候，家长是不是应该先反省自己曾经的所作所为？

家长总期待用自己的示范从行为上引导孩子待人接物，这确实在一定程度上能让孩子学会热情得体地对待客人，但随着孩子年龄的增长，父母在身边的提醒会让孩子觉得这不属于他们的自主行为，会渐渐排斥家长的这种做法。

有了孩子之后，不仅妈妈，甚至爸爸跟朋友们交流的时间都会有所减少，但有一种非常好的解决方式就是在家里招待客人。这对教育孩子来说，这也是非常好的机会。因为，在这种场合可以让孩子亲眼看到父母是怎样待人接物的，听到父母和客人交谈的内容，能够扩展视野。对现在的孩子来说，这样的机会很难得。其实在国外，有很多家庭聚会的形式，大人之间可以更放松地交流，孩子们之间也可以增加一起玩耍的机会。看到相关介绍北欧的书时才明白为什么北欧的家具和家居设计那么出色，其中很重要的一个原因就是，北欧到了冬天很冷，大家的交流和聚会基本都在家里。而一个家庭的家居和空间布置就代表着主人尤其是女主人的品位。

客人来之前需要对房屋进行整理和清扫。在帮助父母准备饭菜的过程中孩子可以学习一些菜肴的做法。其实父母不用做一些有难度的改变，或者过于关注某些细节而把自己搞得很疲惫，只需向大家展示出一家人自然快乐的状态就可以。客人们最需要的是带给主人一家发自内心的微笑。

另外，玄关是一个家庭的脸面，客人进屋后，视线首先注意到的地方就是玄关。父母可根据季节做些自然随意性的装饰，但不能留下过多人工装饰的痕迹。可以和孩子一起为客人准备拖鞋，让客人感到温馨自然。再讲究的话，也可以在客人到来之前，燃一点香薰，淡淡的香气也可以让客人很快放松下来。

客人到了之后要表示欢迎，收到客人的礼物后要表示感谢。孩子作为家庭成员之一，也要有正确的礼仪举止，大人们聊天的时候不随便打扰，主动把饭菜摆好，最后一起收拾碗筷。通过在家里招待客人可以让孩子学到许多重要的东西。

通过一系列细节的安排，可以让孩子体会到父母的周到和用心，也能让孩子懂得，拥有这么多善解人意的朋友，是一种无形的财富，给孩子长大后拥有良好的社交能力打下基础。

· 🌸 父母手记 ·

　　我家孩子天性有些腼腆内向，不是那种能和人熟络起来的小孩，常常需要我们做家长的引导。但随着他的成长，每次来客人我们都要提醒他要打招呼，他被动的表现让我们感觉很无奈。大人总是没完没了的"提醒"似乎也让他很没面子，就更不爱开口了，有时知道有人来访，他就干脆把自己关在屋里不出来，所以我们希望能营造一个让孩子的个性"热"起来的居家环境。

· 🌸 设计思路 ·

　　有什么样的主人就会有什么样的居家，客厅是一个家庭对外展示的最重要的区域，会客区的环境气氛主导着整个家庭的气氛。首先，舒适整洁是一个家的基本要素，这如同告诉孩子衣服可以不是名牌，但一定要干净得体。其次，要把一家人的爱好品位展示出来，比如用爸爸的摄影作品设计主题背景墙，在客厅的壁龛里、餐厅边桌的架子上都摆放上书籍，在走廊里挂满了孩子参加绘画比赛的作品镜框等，这样的话家中来客人时家长就可以鼓励孩子当小小"讲解员"，为客人讲讲其中有趣的事，让他感觉到自己在待客这件事上的重要性。

家具的摆放也很重要，尽量围拢的座位摆放会产生聚合的能量，即使不会像古时一样"围炉夜话"，却也有着相同的意境，融洽的气氛便油然而产生。

♥ **家居改造小贴士**

墙壁：大地色系的温暖色调，让人有种归属感，热情却不喧嚣。

壁炉：壁炉替代了从前的条案，饰品的摆放方式又具有一定规整的格式，既不刻板又不失庄重。

箱型茶几：箱型茶几敦厚的外观给人以沉稳的感受，而浓重的赤红色使中国风扑面而来，在西式沙发中显露出不同。

沙发：沙发的摆放方式非常适合亲朋好友围聚在一起畅谈，同时布艺饰面也非常舒适环保。

摆件：具有品位的饰品摆件，是家居中的点睛之笔。

🌸 真实分享

01 案例

整洁幽雅的家居环境，并不意味着要牺牲孩子玩耍的快乐或压抑他们爱四处摆放玩具的小癖好。有心的家长可以放弃那些塑料的储物箱，以漂亮的木箱，甚至是画工精美的陶瓷鱼缸替代，小家伙们一定会觉得他的玩具就像《阿里巴巴和四十大盗》里的珍宝，更增添了玩的乐趣。当有人来做客时，家长可以让小朋友把"珍宝"放回宝箱，为客人提供相对整洁的环境。相信孩子会很"炫耀"地做这件事，而不是抵触，感觉大人为了他们的方便而排斥自己，这样的环境会更适宜让孩子学会如何建立彼此的尊重。接下来，他会很乐意在大人聊天的时候发现自己新的乐趣所在，而不是为了"反抗"，用惹麻烦的方法来引起大人的注意。

○2 案例

曾经一度我们发现儿子一见到家里来人就躲回自己的房间。我们觉得他这样很没礼貌，叫他出来他也很不情愿，让我们感觉很没面子。等客人走后，我们就会唠叨他几句，结果更糟，下回他不但继续重复"耍酷"，而且房门更是紧闭，人在里面"深度发呆"。

直到有一次去郊外玩，他在很放松的情况下才说出了最初导致"耍酷"的原因：原来是有一回家里来客人，刚好赶上我收衣服，为了开门，忙不迭地就把衣服随手扔到沙发上，里面还掺杂了他的内衣。巧的是来的客人还带了和儿子同龄的女儿，儿子当时觉得非常不好意思，所以后来客人来后他就躲起来先检查一下自己的衣服是不是合适，但因为我们误会他、唠叨他，他就干脆懒得说了。

随着孩子的成长，他们的心思越来越细腻了，在我们眼里他还是小孩子，所以很多细节都没有关照到，而他已经悄然长成了青春期的大男孩，很在意形象。所以到后来，我们也在公共区域的细节上多注意，客人来时，我们也会提前告诉他，他会很乐意和我们一起整理客厅，对待客人的表现自然也没得说。

• 家居留白是给孩子想象空间

"留白"其实是源自中国传统绘画，它是一种艺术的表现方式，即通过在白色的宣纸上留出一些空白，来表现画面中需要的水、云雾、风等景象，营造出一种视觉上的层次感，这种激发比直接用色彩渲染表达得更为含蓄内敛，因此也能赋予欣赏者更丰富的想象空间。

留白蕴涵了东方哲学中朴素的辩证法思想，一如呼吸，一疏一密、一张一弛间，意境之美油然而生，至此，留白不仅仅再是绘画的表现手法，更是一种审美意识。

让留白成为生活中最重要的"空"，无疑是给家人、孩子一个可以自由呼吸，无限想象的空间。作为最初的居家设计者，大人总会被现实的功能性主导，前卫一些的会强调视觉张力，但无论你是居于大屋还是小寓，都不应该用极丰富的装饰细节彰显品位爱好，或是为满足功能的需求，绞尽脑汁来压榨空间，使房间变得更为局促。

　　懂得为空间留白可以让人生活得更加

从容自由，尤其是对于还处在成长期的孩子，性格还没

有完全定型，他会随着年龄的增长，不断吸收越来越多的新事物，

认知也在这个阶段飞速变化。在大人心里再完美的装修也不如给孩子提

供一个留白的空间，以满足孩子渐渐形成的个性和审美需求，让孩子可以

更为自由地发挥他的想象力。只有一个富有想象力和创造力的孩子，成年以

后才有机会成为一个视角独到，具有的审美能力且思维积极活跃的人。

　　留白也是有技巧的，一般来讲，客厅中的家具占地不应超过房间总面积

的 30%，卧室中的家具不应超过 40%。家具以少而精取胜，保持一些还可添

加家具的余地，也可让家在今后留有更多的想象空间。

　　父母可以利用一些有特点的漂亮的储物盒，让孩子把他收集来的各种暂

时不用的小零碎放在一起，保持书桌、书架的整洁。这样既不会因这些小东

西让孩子在学习的时候分散注意力，又因为每个储物盒本身都像艺术品，家

长还可以让孩子从审美角度出发，将变来变去的摆放方式也作为游戏让孩

子动手布置，这种方式孩子不仅乐于接受，而且慢慢地就会自己进行"创

作"了。父母也可以为孩子专门辟出一面留白墙，让他任意涂鸦，

或者做些墙面的软处理，比如放上可以钉图钉的软木板，或是用好看的绳子拉几条线，便于让孩子把自己喜欢的图片、照片展示出来。

对于家长而言，空间的"留白"处理，其实应该是最"偷懒"也最容易的一种装修方法，父母可以把自己从事事躬亲的细碎环节中解放出来，孩子也能得到自由的小天地，何乐而不为呢？

🌸 父母手记 •

我们家儿童房的屋顶是木方搭建的斜顶，色彩偏重，容易让孩子产生压抑感，针对这样略显沉稳的整体家庭空间，我们不可能大动干戈，可是也不希望孩子觉得家太沉闷，怎样才能稍作改动就营造出一个适合六七岁男孩的生活环境呢？

🌸 设计思路 •

对于六七岁的男孩子来说，太过卡通的色彩很快就会让他们感觉尴尬，建议改变一下墙面的色彩，虽然墙的面积最大，但改动起来也不是很麻烦，视觉效果却会很突出。你可以选择浅色系的壁纸或者涂料，比如米色、天蓝色，这样不仅能中和房间原有装饰的厚重，而且还能适应男孩迅速成长为"男人"的需要。

这个阶段的男孩个人意识明显增强，会显得很有主意。营造一个简洁的环境，更易于让他们按个人喜好布置自我空间，他可以在这个底色中添加任何色彩或装饰，还有他七零八碎的宝贝，这绝对是对他们进行空间再创作的一种积极鼓励。

❤️ 家居改造小贴士 •

墙面：亚麻质感的壁布非常适宜男孩子的房间，温暖而质朴，对性格的形成能起到很好的作用。

墙上的搁架：天蓝色的搁架是空间里一抹明亮的色彩，放置上孩子最喜欢的玩具，增加了活泼的氛围。

床：造型独特的木床，没有一般儿童床的花哨，对于已经脱离幼儿期的孩子来讲是最好的选择，品质感包含其中，加上赛车图案的床品又不失活泼。

箱子：航海图案的做旧箱子，很像古代大船上的藏宝箱，可以让孩子展开无边的想象，同时还是很好的储物工具，非常实用。

❀ 真实分享

01 案例

过年时，朋友寄来一本卡通台历，上面都是儿子喜欢的卡通形象，我就把台历放到儿子的书桌上了，没想到他一点都不领情，把挂历还给我说："还是把这个送给那些小不点儿吧。"

孩子在大人眼里永远是长不大的宝贝，殊不知他成长的速度远远超出你的想象。当孩子6岁以后进入学校环境，便开始学习承担更多的社会角色，他们开始越来越多地拥有个人意识。他们开始会选择穿什么样的衣服，用什么样的文具，以至决定自己"领地"的布置。在他二年级时，我们决定帮他重新打造一下他的房间。事先我建议他最好能有个主题，这样房间看起来才更"帅气"，然后就放手让孩子去选择。这一次，我们并没有去建材城，而是按照儿子的指引，到他经常买玩具和贴画的小店里。他挑了很多与航海有关的画，还有救生圈、船锚等装饰品，还磨着让一家店的老板把一个俄罗斯的水手帽让给了他。当儿子把房间按他目前正迷恋的航海内容布置出来，看到的结果大大超出了我的想象，连我都惊讶他的创造力和想象力，而且花费比我的预算少多了。

02 案例

孩子迷恋玩具的速度比我每季更新衣服的速度都快，今天还迷四驱赛车，明天就扮演上了百变机兽，这些玩具都是十多个一套，家中的玩具把房间弄得像个"地雷阵"。

虽然我也算是个理性的家长，会有选择、有条件地作为礼物买给他，但是如果这一批出的热门卡通玩具你一个都没给他买，在幼儿园里，孩子们聊起来他会有些插不上嘴，慢慢地还会有点小自卑。他爸爸说现在还记得自己小时候，其他同伴的家长都给买了小木枪，自己没有的那种难过劲儿。正因如此，我们在买玩具这件事上对儿子稍微有些放任。

儿子有六个玩具箱，旧玩具都像破烂一样堆在里面，还不断有新玩具增添进来。现在，孩子稍微大一些了，我也想让他的旧玩具不再变为废物。于是，我们在客厅和他的房间都腾出一块地方，在这里，由儿子来设计他的家庭主题公园。在客厅，儿子是以他的汽车为主体，上百辆大大小小的汽车，做了个"汽车博览会"，他的房间则是由那些小兵偶和各种武器装备、军事书一起构成了一个"野战训练营"，他经常会把爸爸拉进他的房间，两个人"较量"一下。

通过这次调整，家里很久不玩的玩具又重新起了派上了用场，儿子购买新玩具的频率也大大降低了，更重要的是，他开始学习自己打理空间，进行收纳整理玩具，养成了注重整洁的良好生活习惯。

• 如何利用家居中的文化元素熏陶孩子

记得十年前我们在日本居住的时候，周围生活着许多非常有趣的朋友，他们多年坚持的生活习惯至今仍深深地感染着我。有一个朋友每到新年的时候就会全家去照相馆照一次相，第一年是新婚的两个人，第二年是怀孕的妻子和丈夫拿着第一年的照片照的相，第三年是一家三口拿着妻子怀孕时的照片照的相……

他们两人结婚已经将近20年了，一共生了三个孩子，这个习惯至今仍在延续。每到元旦，除了和其他日本人一样过新年，到神社祈福以外，一起拍一张照片已成为这个家庭必不可少的一项仪式。每到新年看到他们一家穿着正装，一脸严肃地外出照相，我的内心总有一丝暖暖的感动。

孩子们需要仪式，需要在他们所熟悉的环境中找到信任感和安全感。孩子们越是感到安全，越能更好地发展。现在很多家长过度重视让孩子学习英语，却不会花些时间让孩子来学国学，这不免也会让孩子渐渐离开我们中国的传统文化。很多家长过于忙碌，他们虽然对孩子非常关注，却没有系统的时间安排，一切都是那么随意。也许是信息太丰富了，生活也太丰富了，我们总是在追求

着变化、追赶着时尚的节拍，但我们对于家、对于家人是否有些忽视？给家庭制造一种仪式，其实也是在忙忙碌碌中制造着家人团聚的机会，这是家人紧密联系的一条纽带。若干年后，这定会成为全家人的美好回忆。

父母手记

为了让孩子的生活不要全盘西化、现代化，我们家的书房就选了加了灰色调的绿色作为主题色，让人感觉沉静而不沉闷，其中一个角落原来放了一盏落地灯和一个座卧榻，但感觉略显单薄，我们想在这里再加入些元素，让这个空间既有些变化，又符合书房的阅读环境。

设计思路

这种很雅的绿色非常适宜书房的环境，为了配合绿色所寓意的生机，不如将这个角落做一个手绘的处理，但又不要太拘泥于画的风格，绘本的感觉既唯美又充满童趣，非常适合孩子。另外，放置一张古典的卧榻，这样大人和孩子就能坐在一起共读了，为他讲一讲"庄周梦蝶"是何等的浪漫无拘。在这里我们也可以展开每月一次的家庭读书会。把厨房与餐厅的隔断墙换成有通透感的中式屏风，平时屏风可以折起，保持空间的开阔，消除与孩子自由交流的障碍，家里来客人的时候，屏风打开，可以做到功能分区，更为整洁、正式。

♥ 家居改造小贴士

彩绘墙：绘本感觉的彩绘墙，非常富有浪漫的诗意，它不完全拘泥于传统绘画方式，而且能让孩子也可以找到童趣的共鸣。

矮桌：家具的好坏不是由价格界定的，大人可以与孩子一起将一个普通的小桌DIY成一个"无价"的宝贝，这是大人激发孩子美学潜能的好方法。

床榻：床榻非常符合中式的审美，同时又能满足孩子喜欢和大人黏在一起的小"癖好"，这个设计可以增进大人和孩子的感情。当然，如果你的家中没有床榻，我相信一定有个双人沙发，请一定选择舒服的款式，全家人都喜欢坐在这里开个轻松的家庭会议。

靠垫：对于现代"沙发客"而言，床榻会显得不够舒适，可以增加些靠包来弥补，"无印"感觉的棉麻质感非常符合中式的低调儒雅之气。

✿ 真实分享

01 案例

一次，幼儿园老师婉转地向我说儿子太任性了，他喜欢的玩具就不允许别人动，而且还占着好几样说这些都是他的，老师都要不走。这让我强烈意识到自己平时的爱心膨胀和爷爷奶奶的有求必应是个严重的问题，所谓的优越的家庭条件反而对孩子的成长产生不利的影响。于是，我就想改变家里的这种"不良风气"。中国的传统文化给了我很好的启迪。我想到了"公道杯"，这种曾流行于明清时期盛酒的瓷器充分体现了祖先的智慧。所谓"公道杯"就是杯子里面有个龙头，杯底下有小孔，盛酒时只能浅平，不可过满，否则杯中之酒就会从龙嘴中全部漏掉，一滴不剩。

有一天吃晚餐的时候，我给家里人拿出这个酒器，并给每个人倒了果汁，轮到儿子的时候，我故意问他够不够，儿子贪心地说："我最喜欢喝这个了，我要多多的。"于是，我让儿子自己倒，他越倒越多，可忽然间果汁却不见了。看着儿子既着急又好奇，我及时地给他解释："这个杯子叫'公道杯'，大家都倒得一样多才公平，太贪心的人反而什么也得不到，明白了吗？"儿子若有所思地点点头，后来我又让他自己拿着杯子和水盆在一边"玩"了半天。从那以后，儿子似乎真的明白了，再带他去超市选零食的时候会听到儿子说："妈妈，我不要那么多，以后还可以再买，否则会流走的。"此后，每次用这个杯子的时候，儿子都会嚷着说："我来倒，我来倒，我会给大家分得一样多。"一件小小的家居用品帮助我轻松改变了儿子的这个坏毛病。

02 案例

每到大年三十的时候，我们都会赶回老家，一家人忙忙碌碌贴春联、大扫除、请神仙、包饺子……到了除夕夜，大家互相举杯祝福。吃完团圆饭，一家人欢呼着放鞭炮礼花，老人和孩子在火光中一起兴奋大叫，感觉这是一年中最幸福的时候。节日属于家庭，喜庆的氛围让一家人更容易感到温暖、亲近，彼此关爱。但节日对孩子来说更是个尽情玩乐的假期，他们更期待有好的"节目"一起分享。所以，我们就在每年正月十五那天，按照中国传统习俗在家里搞起了花灯会。白天，我和孩子会到街上去选灯笼，爸爸负责找灯谜并用毛笔书写在红纸上，奶奶打好糨糊后把灯谜纸贴到灯笼上，姑姑则抱着儿子把 20 个灯笼挂满家里的各个地方。到了晚上，所有的灯笼不但装点了房间，烘托了节日气氛，也是我们为儿子设计的"益智游戏"。爷爷拿着答案当评委，一家人猜来想去，又笑又叫，热闹又开心，儿子每年还会因此而得到小礼物，参与的热情更是高涨。

• 让质朴的家居激发孩子的审美能力

有一天，我真的让面前这个 4 岁的小家伙给教育了，她正画画，我问她："鱼缸里画的是什么？""是人啊，我想让小鱼看人在鱼缸里游泳。""为什么？""没

有为什么，人为什么不能为小鱼表演一回呢？"这个回答令人哑言。

孩子的世界简单却又复杂，他们常常会蹦出很多奇思妙想，大人想不到是因为成长过程中接受了无数的规则，将想象力只保留在七岁之前。如果不想自己的孩子也这样，就应该好好保护孩子的想象力。

不要让孩子长期生活在一个既定的空间，即使对新生婴儿也一样，孩子天生就有捕捉新鲜事物的能力，这就是为什么他们总能发现大人忽视的生活细节的原因。

不时地把家具变换个位置，或者换个窗帘，孩子回到家中"哇喔"的一声里，一定包含了"老爸老妈真棒"的意思。

❁ 父母手记 ·

顶楼朝南的房间光线非常好，特别是在冬天，太阳晒进屋子，暖暖的，也很明媚。我们打算将这个地方布置成家中所有人的共享空间。周末，一家人可以坐在这里聊天、读书，或者干点什么，这总比每个人都憋在自己的房间，过一个"哑巴"周末要开心、轻松得多。

🌸 设计思路 ·

当孩子指着马路两旁的大楼问："窗户为什么都是方的？"你就可以告诉他："不一定哦。"然后从自己家开始，让窗户变成一弯半月，白天揽着浓阴，夜晚抱着星空，而书架也可以像波浪一样流动在墙上，这样的空间对孩子而言，是一个充满想象和美感的空间，同时又让大人彻底地丢掉成人的"面具"，回到自己无忌的时光中，全家一起其乐融融。

❤️ 家居改造小贴士

半月窗：改变了刻板形状的窗，这本身就是一幅很美的风景画。

搁架：造型独特的 CD 架，可以解读出不同的画意——浪花、叶片、飞鸟……孩子在面对它的时候，怎么会没有充满灵性的想象？

沙发：颜色绚丽的布艺沙发很好地呼应了窗外的景色，它又不会让宽敞的空间显得过于清冷。

画架：绘画可以尽情地让人表达内心的愿望，画是传达美的最直接方式。

地毯：红色圆形地毯很好地呼应了半圆窗的设计，同时也有日月的暗喻在其中，可以启发孩子更多的想象空间。

🌸 真实分享 ·

周末去郊游，儿子拣回了很多小石头和树枝，进屋前我劝他丢掉这些，他执意不肯，我没办法只有妥协。这些树枝在阳台堆了很长时间，我想这些"垃圾"是不是也可以"变废为宝"呢？我把儿子叫来，拿出工具箱，我们俩开始修整拣来的大树枝，然后插在一个大大的花瓶里，摆在浴缸边上，这样可以顺手挂放小毛巾和色彩漂亮的沐浴球。儿子把本身色彩就很好看的小石头拣出来，色彩不好看的给它涂上了漂亮的颜色放进花盆里。真是美丽的小世界！美无处不在，关键在于有没有一双善于发现美的眼睛，这也是大人给孩子最好的礼物。

• 在家也可以旅行

西方伟大的旅行家马可·波罗将神秘的东方古国带到世界人们的面前，他完成的不只是一个探险旅程，更架设了东西方文化交流的桥梁。在我国有司马迁游历诸国，写下鸿篇巨制的《史记》，还有著名的旅行家徐弘祖一生独游 34 年，纵横万里，行常人所不行，见常人所不见，通过自然陶冶情操、培养胸襟，成就了一生伟业，为后人留下《徐霞客游记》。这样的故事不胜枚举，足可见游历对于我们体验生命，认识世界的重要性，因此才有"读万卷书，行万里路"之说。

随着生活水平的提高，越来越多的家长开始利用假期带着孩子亲历历史文化遗址，感受山水间的自然灵韵，体验风格迥异的民俗风情，对孩子来说这无疑是他们最乐于接受的学习方式，也是拓展他们视野的好方法。

在出发前，家长可以和孩子一起商议旅行路线，既可以有主题，也可以随性而定。主题型的旅行一般多以去具有历史感的城市和地区为主，例如我国的古城西安，孩子一定会为世界第八大奇迹的兵马俑而惊叹，同时也一定会问家长许多问题，这就需要家长先做做"功课"，帮助孩子直观地了解历史。而随性的游览，更适合风景优美的地域，让孩子在自然中发现美，也能让他懂得珍爱自然，与之和谐相处。孩子大些时，也可以给他们一个照相机，让他们自己去捕捉眼中的美丽新世界。这些照片也将是非常棒的旅行纪念，回家后大人可以帮助孩子展示出来，做个小小的摄影展，这对孩子会是非常大的鼓励。

父母也可利用出差的机会，为孩子带些具有当地特色的纪念品，和孩子聊聊自己看到的有趣的事情，成为孩子看世界的另一双眼睛。

随着旅行经历的不断增多，那些带有旅行记忆的纪念品也会随之增加，这时，在家的漫游也会成为另一场旅行，孩子在这些物件里寻找着他快乐的回忆，而不同风情特点的纪念品会成为他的立体"课本"，呼唤出孩子对美的探知与渴望，提供给孩子一个广阔无边的畅想梦境。

• 🌸 父母手记 •

每次旅行我们都会带回来很多有意思的东西，现在旅行和出差的机会越来越多，家里收集的小玩意也都会比较多，通常这些都是由我们大人来收拾布置，现在应该引导孩子加入进来，在整理和摆放这些装饰品的过程中，孩子会对异地文化有更感性的了解，可能还会激发孩子查阅历史和地理书籍的兴趣。

❀ 设计思路 ·

这是非常好的想法，它可以让孩子在摆摆弄弄中想起路途中的快乐经历，也可以让他们用这些妙趣横生的小物品编故事，编故事的同时就会有一幅幅的画面出现在孩子的脑海中了。如果孩子还小，不妨把低层的展示架让孩子来管理，或许你能看到他们按自己编的故事做成一格格真实版的动画绘本。

家居改造小贴士

蓝绿色墙面：墙面局部使用的蓝绿色与镶拼的地面形成色彩上的呼应，同时也形成了一个极佳的衬托装饰品的背景板。

长颈鹿摆件：来自非洲的长颈鹿木雕，大小高低错落，是幸福一家的写照。

书架：用砖与木板直接依墙面而搭砌的书架质朴而独特，木质隔板上的铆钉与朴拙原始的艺术品相得益彰，极为和谐。

地面：大地色系的地面采用了多重拼接手法，丰富却不凌乱，反而让人感受到一种来自天然的自由与热情。

彩绘圆形矮凳：这种风格鲜明的居家设计，适宜搭配天然原材的家具，选择几件个性突出的小件家具会成为空间的点睛之笔，但不宜过多，否则会显得凌乱。

❀ 真实分享 •

01 案例

每隔几个月家里都要大扫除一次，自然要淘汰掉一些小零碎。有一次，我们将儿子的一堆玩具包装盒连同废报纸都卖给了回收站，结果惹得儿子大怒一场。儿子说，那些东西他还有用，自己只有上面的一个玩具，看看包装盒上的那些玩具图片也高兴呀。

儿子慢慢攒了一大堆的包装盒，有爆丸、机甲勇士、百变机兽，当然还有变形金刚。儿子把上面的图片圈剪下来，做了一个新的动画书，又给它们编了一些新的故事。从此，儿子开始在他编排的科幻片中旅行、遨游，随着玩具盒子的增多，故事中的人物也越来越多，故事情节也越发丰富。

很多时候，大人们看上去是废品的东西，对孩子而言却是宝贝。可能这些卡片记录了孩子很重要的一个故事，才惹得他如此伤心。所以，孩子大些后，家长处理小零碎时要征求一下孩子的意见，同时也要学着接受和欣赏他们的喜好，这样才能知道他们对美与丑的衡量标准，对的要加以微笑的鼓励，错的要善意引导而不要独断专行。

O2 案例

我和先生都是驴友，现在有了宝宝，我们也会有计划地带他一起出门旅行，到每个地方去都会零零星星地带回些旅行纪念品。回来后，我们会发愁，以前我们都会把这些纪念品放在一些合适的区域，可现在不行了，要考虑会不会伤到孩子，会不会被孩子损坏，会不会让房间更乱……问了身边的很多朋友，大家都有这个问题，他们多数是把这些物品装箱了，等到以后孩子大些再拿出来。有一个朋友的做法就很好，他现在出门不再是见到什么喜欢的都买，而是有针对地进行专项收集。例如，他们宝宝属马，他们就去各地寻找以马作为原型的具有当地特点的纪念品。其实，大多数家庭还涉及不到收藏的概念，基本上是处于收集的程度，最好还是根据爱好和经济能力，筛选适合自己的纪念品。后来，我们将家里的纪念品整理了一下，有的时候会按照国家或地区给孩子讲一下那里的风土人情。前些日子看到一本书，是一个孩子写给世界各地孩子的信，我们觉得这个方法很好，就鼓励孩子虚拟地给世界各地的孩子写信，去了解他们那里有趣的事情。在季节变化的时候，我们也会挑选出符合当季的一些纪念品，重新装饰房间，这样家里的环境就会常换常新，眼睛里总有旅程中的风景。

• 用"女儿房"帮孩子找到正确的性别定位

"中性化"现象让很多家庭开始忧虑、不安。毕竟性别角色是人一生所扮演的最基本也是最重要的角色，它的形成除了先天遗传因素外，与社会环境、家庭环境的影响密不可分。

这不仅需要家长关注孩子的身心成长过程，同时也要为他们营造一个适合他们的生活空间，静美的空间能够建立起孩子良好的性情，同时也能塑造一个理想完善的性别角色。有人说，拥有女儿是上天的恩赐，因为造物主对女孩子似乎格外偏爱一些，他给了女孩子很多美好的东西：甜美、温柔、细腻、纯洁……几乎所有的父母都希望自己的女儿成长为一个有教养，有内涵的女子，静如幽兰，动如流水，用自己的美好浸润周围的人。

教育家苏霍姆林斯基曾经指出："美是一种敏感的良知的教育手段，如果没有一条富有诗意的、感情的和审美的清泉，就不可能让人获得全面的智力发

展。"而敏感恰恰是女孩较为明显的个性特点，与男孩的成长特点不同，从美学角度上来讲，女孩子更多地关注细节，例如色彩、线条、内容……

"文而静、甜亦美"应该是对女孩子生活空间的一个简单概述，而具体内容则要依据孩子自身的喜好和特点进行布置。

在家居布置中有些手法是女性味道较为突出的，例如把所有尖锐的角变成圆角，整个空间会显得很谦逊、柔美。选用柔和、素雅的色彩，比如粉红色一般是大多女孩的最爱，它代表甜美、浪漫，会让她与父母更亲密；绿色清新、淡雅，会改善有些女孩子过于拘谨的性格，使她开朗活泼起来；米黄色是温和、宁静的代表，这会培养她有个随和的个性，心胸也更开阔。白色则不建议使用，因为白色容易使孩子固执甚至偏激，过分追求完美。

为了增添房间的活跃气氛，辅以花朵、云彩等自然界的美好画面作为装饰图案就更理想了。另外，家长还要关注家具的舒适度，以纯天然材质的棉、麻、丝为主要布艺材质。配饰方面则侧重精美，要为她们选择具有较高审美意味的装饰品。有条件的话，房间内飘出淡淡的馨香会令人从内到外感受精致的美好。试想，住在这样环境中，女孩子怎会言谈粗俗，举止不端呢？

🌸 父母手记 ·

孩子的房间比较小巧，我们想在"小方盒子"中为女儿设计出一个安静而唯美的环境，还要让她独处时不会感觉孤单。

🌸 设计思路 ·

在色彩上我们推荐采用非常适合女孩子的淡紫色，这种色彩可以营造出一种宁静而梦幻的氛围，靠床的墙壁上可以使用浅粉色做个纱幔的处理，这样就从视觉上弱化了房间的方正感觉，多了些变化。而选用芭蕾舞者为主角的粉彩画或一些她喜欢的人物作为装饰，会让女孩子在心里构筑"这是我的伙伴"的感觉，会设想"她们"在自己生活中出现的场景，这也是女孩子爱玩的扮家家游戏的一种。

❤️ 家居改造小贴士

床：在定制的床上嵌入孩子名字的缩写，这种专属的感觉并不难做到，却会让孩子有被格外关爱的幸福感。

纱幔：女儿房因浅粉色的纱幔而平添了几分柔和温婉的气质，纱又与画作中芭蕾舞者的舞裙相呼应，细节上的用心会让人心生美好。

画：芭蕾舞者的画作，写意的笔触勾勒出舞者婀娜的身姿，会让居住其中的女孩子也感受到其中的优雅娴静。

墙：墙面使用的粉紫色雅致唯美，是非常适宜女孩子房间的着色。

台灯：舞者造型的台灯与装饰画形成主题上的统一，将房间以主题形式进行装饰会令孩子感受到美的所在。

• 🌸 **真实分享** •

○1 案例

芭比娃娃把我的女儿教"坏了"，每天她都热衷于给她们穿衣服，搭配发型，有时写作业时也把芭比放在书桌上，还会和她说说话。开始我感觉孩子很"不务正业"，经常制止她，甚至没收过。那段时间，女儿都在琢磨如何与我斗智斗勇，把芭比夺回来，我想，这样下去不是办法。于是，我走温柔路线，和女儿约定好什么时间芭比在她身边"上班"，什么时间要去做芭比自己的事情，这个办法很奏效。当我首先调整好心态后，发现女儿玩娃娃也不是纯粹浪费时间。孩子在玩娃娃的过程中，可以学会色彩的搭配，这么小的孩子已经懂得色彩与心理学的关系了。她心情好的时候，娃娃穿得一定很"春天"，也能不厌其烦地把娃娃的头发梳好，而心情不好的时候，娃娃的状态也一定很糟糕。美的学习是无处不在的，父母最好不要用成人的心理来干预孩子的成长。

○2 案例

我一直觉得女儿应该坚强些，现在孩子大都是独生子，不能太娇气，否则以后到了社会上岂不是要四处碰壁？所以在为嘟嘟设计房间时用的是爸爸出的方案，比较中性。然而我又觉得现在的女性都让人感觉太"强悍"了，女儿的培养应该按淑女范儿来。

在家庭中，基本就是遵照男孩子的房间使用蓝色调，女孩子的房间使用粉色调的方式进行布置，这是对性别的关照和尊重，而且也符合孩子成长的需要。

• 家居帮你对孩子进行平等的"餐桌教育"

我们要从"礼"的角度去考虑培养孩子的问题,这样才能让他长大后懂"理"。哪怕是简单地教给孩子一些餐桌的礼仪，都会影响孩子的一生。那么我们又如何培养孩子好的餐桌礼仪呢？其实，父母日常生活的言传身教就是最好的方式，但这绝不是说教那么简单和枯燥，家长完全可以从餐厅氛围的整体营造上去考虑，想想看，圆形的餐桌是不是比方桌更让家人的聚餐气氛融洽？餐具摆放得

　　井井有条是不是孩子就不会乱用筷子和勺子？而座椅的造型是不是也在影响着家人的就餐形象呢？如果能兼顾到这些，相信你的孩子很容易就会懂得餐桌礼仪，而这也必将使他在未来社交场合上赢得大家的尊敬和喜爱。

　　孩子的本性都是自我的，而所谓"家庭教养"就是要教会孩子知道世界上还有别人。英国家庭教育素有把餐桌当成课堂的传统，从孩子上餐桌的第一天起，父母就开始对其进行有形或无形的"进餐教育"，目的是帮助孩子养成良好的用餐习惯，学会良好的进餐礼仪。

　　孩子开始自己使用餐具以后，会非常在意大人的赞扬，做父母的要时刻鼓励孩子的进步，哪怕他会将餐桌弄脏弄乱，也要鼓励他继续努力做下去，从小培养孩子正确的餐桌礼仪。

· 🌸 **父母手记** ·

　　当孩子过了要父母喂饭的年龄，我想及时地让他坐在餐桌旁和大人一起用餐，要让他也融入家庭的氛围中。而且，我想让他从一开始就尽量养成正确的用餐习惯，如果有必要，可以在家具上做一些适当的改动。

🌸 设计思路

让孩子与大人一起用餐是对的，与父母一起用餐的机会越多，孩子越能尽快地学会应有的餐桌礼仪。在家居布置上，要尽量符合孩子的年龄和习惯，不能求快而失去耐心。首先要给孩子准备好符合他身高的椅子，孩子的身材小，普通的椅子会让他够不到桌子上的菜，或觉得自己不能跟大人交流。所以，要尽量调高他的座椅，让他的视线能与大家平起平坐。其次要教育他从小遵守餐桌上的规矩，每个人要坐在各自的位置上，不能随意挨着好吃的饭菜挑选座位。

❤ 家居改造小贴士

椅子：餐桌礼仪其实是从教会孩子正确分配座位开始的。长形、方形、圆形餐桌都有一定的座次规矩。如果家中没有专门的儿童用椅，可以为他准备个舒适的厚坐垫，配合他身高的需要。

餐桌：有孩子的家庭要注意使用边角安全的餐桌，如果不具备条件应该做好保护措施，比如在锋利的桌角加个圆润的桌角垫。

桌上装饰：用花卉、烛台来装饰餐桌可以调节用餐心情，而且在日用品上的精致与讲究，会对孩子在审美上形成潜移默化的良好影响。

窗户：一扇能看见风景的窗无疑是最好的自然装饰画，它可以让孩子每天都捕捉到美丽的风景。

餐具：如果是中餐，筷子和勺子都配备架托，这不但会令餐桌整洁，还能避免孩子也不会在吃完饭后乱丢餐具；如果是西餐，平时在家也要正确摆放，让孩子在日常生活中懂得餐桌礼仪。

🌸 真实分享

01 案例

教孩子礼仪的时候，很重要的一点就是要怀着一颗爱心，温柔地去教，还要配合必要的"工具"，小到买一本书，大到购置一些家具，这样才会更有效也更容易被孩子接受。

儿子四岁的时候，为了帮助他学用筷子，我特意买了一本图文并茂的书，我们俩一边看图画一边实践。对儿子来说像听故事做游戏一样就学会了用筷子。

而孩子长到十岁的时候，我发现他吃饭时总是躬腰驼背的，脸几乎埋在饭碗里，原来是圆凳使他的腰"软"了下去。于是，我把家里的餐桌椅换成了中式直靠背的，希望以此"强迫"他端正坐姿。果然，他人一坐进去，腰自然就挺直了，吃饭的样子也斯文了许多。

为了健康卫生，我还准备了一把长点儿的筷子和几把勺子做公用餐具。当孩子想吃自己够不到的菜，或家长为客人布菜的时候，我们就会用公用餐具为别人取食。孩子从小看到大人这样的动作，自己会跟着效仿，逐渐就养成了好习惯。此外，他专用的盘子和碗我也选择了有颜色的，因为如果有剩米粒就会很明显，孩子自己看到就会不好意思，所以他从来不会剩饭剩菜。

02 案例

我家里的餐桌椅是中式圆桌，这最适合中国聚会式的就餐氛围。我想让儿子乐乐知道座位上最基本的主次关系，因为是圆桌，他容易搞混。于是，我在餐厅的椅子上做了个小"文章"——把餐厅里正对门口的椅子背里放了个明黄色的靠包，并告诉儿子那个位子是主人位，也可以是最尊贵客人的位子，而其他五把椅子里则统一放的是中国红靠包。虽然其他座次安排也有"规矩"，但乐乐毕竟才四岁，需要慢慢传授。一次，家里来了客人，爸爸告诉儿子说是他大学里最好的朋友。中午听到我说请客人入席的时候，乐乐竟然像"小大人"一样地拉着客人的手往那个摆着黄色靠包的位子走，还说："叔叔请坐，妈妈说了，这个位子是最尊贵客人的位子。"客人获得尊重自然非常开心，笑着夸儿子懂礼貌，我和他爸爸乐得合不上嘴，觉得特有面子。

● 节日家装是献给孩子的另一个"礼物"

曾经听一个日本设计师讲过一个故事，第二次世界大战时期有个欧洲家庭，爸爸在战争中阵亡，家里的房子被炸得几乎只剩下一半，可圣诞夜的时候就在这些残瓦断垣中，妈妈用烧焦的树枝做了棵圣诞树，点燃了蜡烛，用仅有的一点面粉为两个孩子做了小烤饼，和孩子们一起唱起了《圣诞歌》。当有人问这位妈妈："家都被毁了，还有什么心情过圣诞节？"这位妈妈回答说："不管大人的世界发生了什么，我们都不能忘记让孩子们享受节日的欢乐，因为节日的仪式可以帮助孩子了解传统，憧憬更美好的未来。"

就像中国的节日一样，我也经常听一些外国朋友说起他们圣诞节的故事，父亲抽出时间和孩子一起做手工，或给他们朗读故事，母亲和孩子一起烤制饼干，一家人坐在烛光里，品尝热巧克力或红葡萄甜酒。正是这些行为让人们感到了生活的温暖与乐趣，以此滋养了孩子们的心灵。

节日文化的传承、节日仪式的符号可以更好地帮助孩子建立信任感和安全感，可现在，许多凝聚祖先智慧的节日仪式，却在不断被省略和忘却，似乎在忙忙碌碌中遗失，或者只有回头把好的传统捡拾起来，我们才能找到真正心灵的安宁。而将这种安宁传递给我们的孩子，难道不是每一位父母的使命和责任吗？

利用不同节日的特点，将家中装扮一番，请孩子也参与其中，这对他们而言既快乐又能获得成就感。节日不同，风俗不同，因此装饰的内容也不同，这也是给孩子上的一堂生动的美育课。

❀ 父母手记

节日时，布置家居仿佛一直是大人的事情，孩子对节日会比我们更激动和期盼，也许我们该调动孩子参与的积极性，让他们享受更多节日的美好。

❀ 设计思路

有的孩子对于节日只关心他能得到什么礼物，对其他的毫不关心，其实这是因为大人没有将节日的风俗趣事讲给孩子听，如果他了解到原来过节除了吃吃喝喝外还有这么多有趣的故事，他一定会非常有兴趣加入装扮家的行动中的。现代社会中西方文化的交融令很多中国家庭也开始注重西方节日，例如圣诞节。圣诞花环、小靴子、星星等很多装饰品都非常漂亮，让孩子在圣诞树上摆弄，看看颜色和大小形状搭配是否和谐，在这个过程中孩子的审美能力自然就会提高。动手会比看一本书、画一幅画，更启发孩子的心智。

 家居改造小贴士

壁炉：现代家庭中的壁炉基本上已经失去了取暖的作用，但利用节日期间将它也布置一番，会让孩子感受到家的温暖，再加上圣诞老人会从壁炉里爬进来的企盼，这个小景致会更美好。

茶几：节日时将茶几清空当做礼物角，让孩子来动手吧，也许有些凌乱，但布置出热闹的气氛才是最重要的。

地毯：让孩子坐在厚厚的地毯上拆礼物一定是最快乐的，地毯的图案与色彩宜选择温暖明丽的，华丽些也无妨，可以烘托节日欢乐的气氛。

圣诞树：每个节日都有布置居家的不同主题素材，可以让孩子直接感受到每个节日的不同与有趣。

春节的时候，我买了很多的剪纸，4 岁的女儿好奇地盯着这些漂亮的红纸看了好长时间，然后说："妈妈，把有蝴蝶的这张贴在我的窗户上吧，爸爸妈妈的房间贴这张大花的好不好？"小家伙开始懂得装扮家了。

孩子本身就爱玩过家家的游戏，过节的时候正是全家一起玩的好时机。父母可以带着孩子一起去选购节日的装饰物，在购买的时候也听听她的想法，或许从孩子的视角会得到一个意外的好主意。告诉她不同的节日我们要有不同的主题，春节贴窗花贴对联，元宵节就挂花灯，或者鼓励她亲自动手制作，并挂在家中最显眼的位置，一定会激发她不断的创作欲。

今年圣诞节，我们将家中布置了一番，最高兴的就是儿子了。在爸爸的保护下，他在小梯子上爬上爬下，挂圣诞花环，在玻璃上喷画，而且要求圣诞树上最高的那颗星星由他来装，看着孩子的兴奋劲，真是很感染我们这些对节日已经淡漠的成年人。

孩子就是落入人间的天使，他们的天性可能是活泼好动的，或是文静内向的，但都不妨碍他们迸发出的奇思妙想。活泼好动的孩子会选择那些可以让他们"忙"起来的事情来做，例如往玻璃上涂鸦，而文静内向的孩子会愿意亲自动手画上一张圣诞卡片。家长只要记住，即使在这个过程中他们做的事情看上去不大靠谱，要按成人的思维去指导的话，请立即停止，这样你很可能会压抑孩子的想象力。节日本身就是一个快乐的日子，不要设定那么多的条条框框，即使孩子布置出来的空间看上去"混乱无序"，也应该给他们一个微笑。

PART

05

Home

让有个性的家塑造孩子的未来
——15 个特色家居育子案例

这个角落就是儿子的游乐场。

冯晓勇：艺术性家装能激发孩子潜在的思考力和创造性

冯晓勇是土生土长的浙江人，他有个美丽贤惠的委内瑞拉籍妻子。也许因为那留在骨子里的中国情结，他希望这个位于上海浦东新区的家能多一些东方元素，同时他还想运用一些艺术品在潜移默化中激发孩子的创造力。

客厅的落地玻璃窗面向小区景观最好的区域，户外郁郁葱葱的景色为室内空间增添了不少自然清新的气息。在这里，冯晓勇饶有兴致地布置了一组情趣小景：一张鲜红色的条案搭配几只嫩绿色的靠垫、树枝形铁艺烛台架着八支纤细的绿色蜡烛。这些和室外空间相得益彰的布置也旨在让孩子从小就能感知大自然的乐趣，虽然生活在都市里，不能让高楼大厦阻挡了孩子们丰富的想象力。

冯晓勇的工作离不开艺术，家里当然也少不了艺术品做装饰。虽然是精装修的房子，但主人却用家具和艺术品创造出了房子的个性。房子很大，几乎每个角落都能看见主人的艺术收藏，尤其是墙上的画作。由于工作的关系，冯晓勇能接触到许多艺术家和他们的作品，于是收藏艺术品也就成了他日常生活中重要的组成部分。有了这些，孩子们在家中的生活也更有趣味。冯晓勇从小就

餐厅的氛围完
全因为墙上那幅色彩
缤纷的画，变得相当
有感召力了，孩子在
此用餐也特别愉快。

明式家具、波斯地毯、民族装饰，我们在生活中会搜集很多有意思的东西，可以根据季节或心情请孩子们巧妙地组合，风格和色彩的对比会成就充满异域风情的小景致。

给孩子们一个艺术气息浓厚的氛围，也能潜在地培养他们的审美能力。

　　厨房一侧的餐厅不算大，只能容下一张圆桌。桌子本身算不上十分有特点，但是墙上的那幅后现代的抽象画却是这里最出彩的。且不论绘画的主题是什么，那充满迷幻色彩的图形和颜色就够让人驻足好一阵子。有时，冯晓勇也希望孩子们能随着年纪的增长而对这些艺术品产生一些不同的感悟，从而拥有自己独特的鉴赏力。

　　客厅和餐厅里的画作，冯晓勇会不定期地更换，以确保空间始终具有新鲜感。同样，主人的卧室和孩子们的睡房也缺不了装饰画。大女儿的房间整体是粉红色的，墙上那幅蓝色主调的画即是装饰，这二者也形成了一种艺术性的巧妙对比。

　　对于冯晓勇来说，选择什么样的画，放在哪里，这些都不重要，重要的是艺术不能只存在于博物馆或美术馆。家，一样可以是艺术的空间，它可以被家人欣赏，可以培养孩子的审美，可以为生活增添情趣。艺术也是一种生活，我们最好和孩子一起分享。

从客厅能看到餐厅，两个空间通过风格一致的装饰画联系到了一起，那个银色的花瓶也可说是一件抽象艺术品。孩子们看多了这些艺术品，自然会懂得欣赏。

● 与你分享

1. 设计儿童房时，要注意房间设计不要一成不变，过于呆板，因为呆板的空间会扼杀孩子的创造力与想象力，所以即使装修时设计得很成功，也不要以为万事大吉。家如同生命，是需要滋养的，所以我们要尽量保持它的活力。你完全可以通过经常变换家里的一些装饰物来实现，比如出差带回来的异域风情的工艺品，或者小店里偶尔发现的创意小物，参观某个画展后的纪念展品都可以变换着摆出来。这些东西营造的家庭环境既能加深孩子对外部世界的认识，又能给予孩子自由嬉戏的空间，这会使他们在愉快的游乐中拥有更丰富的想象力和更旺盛的创造力。

2. 营造家庭的艺术氛围并不一定非要家长是艺术家或者花重金收藏珍品才能实现，如果购买一些经典艺术作品的延伸产品，比如梵高的《向日葵》印刷品，中国青花瓷瓶的仿品摆件都可以，重要的是给孩子一个环境。

3. 儿童房的色彩和装饰可以由他们自己选择，风格也不必太过拘泥，他们对 DIY 自己的房间会充满热情，只是在这个过程中，家长可以以建议的方式给予指导，从而帮助孩子提升对事物的审美力和对艺术的鉴赏力，这种培养聪明孩子的方式是不是很自然？

阿梅：趣味空间最能提升儿童的感知认识

孩子的所有感官其实都是相当敏锐的，比如对色彩，对自然界的声音，对移动的物体等，所以家居环境中对孩子感官刺激的东西自然会在他很小的时候就发生作用，意识到这一点，家长在装修的时候就需要有预见性，不能让家只符合大人的感受，同样应该是孩子感知快乐的空间。

阿梅在澳洲学习设计的专业背景让她对于自己的空间有着更加特殊的认识。在黑、灰、白三元素的调配下，最为中性的灰色调自然就成为了容易被忽略的背景色。从一楼大厅的咖啡色沙发到二楼卧室的米色大床，灰色衬底都在不经意间被自然地运用着。

男主人是个有着童心的大孩子，家里的乐高玩具琳琅满目，有不下一百个工具箱，装载着上千个玩具零件。在地下宽敞的餐厨空间当中，收藏着主人全部的乐趣。展示柜上最多的就是星球大战的模型，这都是男主人自己一点点组装起来的。宝宝现在太小，虽然还不能和爸爸一起分享，但每次看到这些玩具的时候孩子眼神都充满好奇，特别兴奋 。所以，我们相信这些益智的乐高玩具，将会非常适合孩子的成长，可以开发他的想象力和动手能力。

简单的色彩，充满乐趣的娱乐空间，让这里充满了生命和幸福的悸动，这突然让人感悟到：家不仅仅是一个休憩的场所，同样也是一个包容自己和孩子

环境的整洁、简练，扩大了亲子空间的随意性。

开放式厨房和餐厅间的无隔断便于家庭成员间的交流。

　　情绪的"匣子"，在这里可以成熟心智，同样也可以回归童真。就像这间玩具屋的主人一样，给自己和正在成长的孩子一个奇思妙想的空间。

● 与你分享

　　1. 孩子比较小的时候，对很多事物的认知与经验的积累都是玩出来的，而不同的玩具和游戏本身也会对孩子的各种能力有所锻炼，所以创建一个自由享乐的空间，会让孩子的童年充满乐趣。

　　2. 对于大一点的孩子来说，家是个重要的学习场所，但家长应给他一个轻松的氛围，可以让孩子在玩中学，在学中玩。所以，在儿童的学习空间里也可以放些益智玩具，在他的玩乐空间里也应该有书籍，令他随处都可以学到知识。

　　3. 除了玩乐，家长也要注意孩子在成长环境中文化氛围的熏陶，父母的职业特点或者生活习惯、兴趣爱好都会使孩子受到感染，比如父母应该经常在家读书，而不是妈妈看电视，爸爸上网，只有这样才能更好激发孩子追求知识的欲望。

装满父亲童趣生活的玩具空间，等着孩子长大后的参与。

4. 在整个设计过程中，主人一直很强调实用，并且为了突出休闲的氛围，设计师将原本连接地下厨房和室外花园的水泥台阶，换成了轻松的木质结构。

费玫：培养孩子的绘画能力也可向艺术品学习

费玫也像很多父母一样培养她的孩子如何画画，但她是感性的。

她的家以色彩装饰见长，每天孩子从刚踏进门的那一刻起，就可以感受到家的气氛。这里并没有昂贵的装饰品，也没有华丽的摆设，而那些光鲜夺目的颜色当之无愧地成为空间的主角，这些是妈妈为孩子精心设计的。

很多父母可能会对使用高对比、高纯度的色彩有所顾忌，特别是在家里，因为更多的人会倾向于使用那些和谐统一的色调。对此，费玫却有截然不同的观点。可能是比较反感建筑结构的冰冷与生硬，画家出身的费玫更热衷于创造富有激情的色彩搭配，也希望自己的孩子能够像她的绘画作品一样成长得随性、奔放。

孩子们的卫生
间延续了卧室的海蓝
色调，墙面上用特殊
工艺模仿出气泡的形
状，镜子周边镶嵌了
五彩缤纷的玻璃马赛
克，就连盥洗盆的造
型也充满童趣。

小女儿的房间是淡雅的浅紫色，就连放在地上的装饰画也统一于这样的温馨色调中。没有过多的装饰，仅仅是色彩就将法国田园风情的空间气质表现得淋漓尽致。

妈妈布置空间的艺术气息会潜移默化地
影响孩子的成长，所以妈妈很注意每一件物
品，每一种色彩的选择。

费玫为孩子设计的家居简直就是一幅三维绘画作品。先不说样式不一的家具以及色彩各异的软装饰，单是那些挂在墙上的画就足够抢眼的了。几种不同的色彩元素在同一时刻相互碰撞、相互映衬，很难想象她是如何将那么多的色彩整合起来，同时又丝毫感觉不到混乱。其实，费玫还是很有分寸的，她将整体空间的墙壁刷成了温和的橄榄灰，在这温和纤柔的色彩衬托下，再多对比也不会使人感觉矛盾和突兀。相反，你站在房间不同的地方就会有不同的视觉体验。孩子成长在这样的空间里，会觉得生活富有生机，而且对色彩语言的认知会更敏感，更富想象力，这自然对他的绘画能力有极大的帮助。

● 与你分享

1. 使用鲜艳或对比强烈的色彩可以不用太保守，只要处理得当，家的个性就会显现。你可以在相邻的两面墙使用粉和蓝、红和绿、黄和紫等强对比色，但是要注意区分色彩的主次与面积。比如整间屋子的墙面漆颜色和顶部颜色可以是对比色，墙面色和室内门的颜色也可以是对比色。总之，主打色调面积要大，才能决定房间的气氛，而次要的配合对比色则面积较小，比如用窗帘、床品的颜色来呼应，只起到点缀和活跃的作用

深沉的蓝色和鱼形灯具都是男孩子们钟情的。儿子也用这些点睛之笔确定了自己空间的小小主题。

就好。还有一点，不管你运用了什么色彩，在空间中一定要穿插白色，以起到调节的作用。

2. 虽然多变的色彩可以刺激儿童的视觉神经，有益于激发儿童的创造力，但孩子卧室的色彩不适合用过于刺激的颜色，温和宁静的色调比较容易帮助睡眠。

3. 对孩子进行色彩审美的培养是一个很细致的工作，所以还要特别注重家居细节在色彩上的体现。比如餐盘和筷子的颜色是否和谐，沙发布料和靠包颜色又是否匹配，甚至是浴帘和瓷砖、花瓶与茶几等，如果只注重了装修时大环境的用色，而在家具或生活用品上不讲究，就不能帮孩子对色彩形成高品位的认知与审美，而这些小的细节可以请孩子也参与搭配，这种感性的体验比画画更能培养孩子的审美认知。

费狄娜：整个家都可以是儿童房

费狄娜有四个孩子，大女儿九岁，另外三个分别是七岁、五岁和三岁的儿子。有了这些可爱的宝贝们，家里自然是热闹非凡。也可能是因为孩子多的缘故，费狄娜觉得她的孩子们需要更多的空间自由活动，所以整个家都应该是孩子享乐的天堂，她从来不认为只有那间儿童房才属于孩子。于是，在客厅中央的柱子上贴满了母亲和儿女们的合影，楼上楼下边边角角的空间都布置成了儿童活动区，它们被童车、玩具塞得满满的。费狄娜说几个孩子都是最

即使在大人享受的视听空间，挪走茶几，铺上地毯就成为小儿子的活动区域了。

海蓝色的儿童房给孩子提供了广阔的视觉想象空间，这里可以是宽阔的海洋，也可以是广阔的天空。

济济一堂的用餐区不一定只有吃饭场所这一种功能，费狄娜还会和孩子们在这里玩拼图呢。

窗下的小书桌
布置得如此浪漫，
激发了孩子们在此
学习的兴趣。

可爱的年纪，等长大一些，就会少了现在的稚气可爱。她要尽可能地给孩子们多创造些空间，让他们尽情享受童年。

费狄娜有着丰富的育儿经验，所以她清楚孩子需要什么样的空间。最重要的是，儿童房不能离父母的房间太远，因为孩子主要是依据与大人温柔的接触来培养感情和学习语言的。如果缺乏这种日常生活的亲密接触和文化吸收，会给孩子的成长带来很大的弊端。

其次，费狄娜从家的整体环境去考虑色彩的运用，而不只局限在儿童房内部。她希望自己精心挑选过的颜色能对他们在不同阶段都起到积极的作用。于是在她的安排下视听区色彩明媚轻松，会客区温和典雅，学习区则满墙都用了深紫色的壁纸来烘托沉静的氛围。

另外，对家居空间中装饰物的选择也是要花费心思的。

因为考虑到家里男孩子多，活动范围大，所以摆放太多易碎的物品显然不适合，于是费狄娜索性就把孩子们的"最爱"当成了最恰当的陈设——女儿喜欢的芭比娃娃、儿子们热爱的仿真动物、足球、遥控汽车……而且费狄娜还经常鼓励孩子们学会利用带卡通图案的装饰布，自己动手制作几件小工艺品，为房间添上跳跃的音符，这一切都让孩子们感到开心不已。

• 与你分享

1. 从色彩着手培养的视觉辨别能力，能够促使孩子对环境的变化变得敏感并善于观察，善于把握色彩、线条、形状等。

2. 虽然整个家都成为了孩子自由活动的空间，但我们可以通过利用空间秩序的设计影响孩子的行为，比如孩子的卧室不要挨着客厅，自然就不容易造成相互干扰；他想去到娱乐区不需要非穿过厨房，这可以减少意外；餐厅里不摆放玩具，而只挂装饰物，他们就不会在那里停留太久；大人的卧室里只有孩子的照片，而没有儿童床，他们才不会轻易进去。

3. 现在的幼儿园和学校里都开办手工课和图画课，家长可以把孩子的一些作品积攒起来，用画框或装饰纸把它们"打扮"得精致有趣些，就是非常棒的展品。

4. 即使整个家的用色都要兼顾孩子的喜好，但也不等于要用过多活泼亮丽的颜色使家显得杂乱无章。有些家长把一间儿童房的墙面刷上各种各样鲜亮的颜色，家具也做成五颜六色，再加上五花八门的玩具、床罩、窗帘、饰品，这不但容易造成孩子视觉疲劳，对心理健康和审美情趣的培养也不利。

伍健贤：让孩子挑选属于自己的色彩

伍健贤的家是生活化的，精彩的空间陈设和装饰呈现出浓浓的生活情调。而不同的色彩又赋予了空间不同的灵魂，让生活活色生香。

可能是因为工作的关系，色彩在伍健贤眼中是非常重要的设计元素，他认为目前国内对色彩设计还不太重视，但是好的色彩设计的确能够给人更美的生活。在自己的家，他用自己的工作经验和对颜色的敏锐直觉让我们感受到空间色彩的无穷魅力。孩子也在耳濡目染之下，对色彩有了自己独特的感知力。

浅米黄色贯穿于整个空间，成为主色调。有了这样一个基本色，其他的颜色如橙色、紫色、蓝色、红色等对比色才会和谐。精心调配出的米黄色带有淡淡的阳光的味道，些许的地中海风情让整个空间充满温馨。当然，不能过分依赖主色调，为了避免产生单调，一些门窗框、壁炉、拱门以及弧形楼梯等突出的结构漆成了白色，这让房间显得非常有精神。同时，阳光和灯光在两种相似色之间产生了有趣的光影效果，丰富了细节，令空间层次分明。每次闲暇时，大人和小孩聚集在这个空间里，明亮的色彩烘托出温馨的气息。

区别于整体的淡雅色调，厨房对面的小餐厅和酒吧是浓烈而抢眼的

客厅窗前的条案是伍健贤从东南亚淘来的，桌上的照片是三个孩子从小到大的点滴记录，这是家中温情的小角落。

温暖的餐厅用色不仅能够提升胃口，还能促使家人在
此团聚交流，大家都会觉得这里很舒服，很温馨。

橙色。这个小餐厅成了伍健贤一家用餐和开家庭会议的所在地。针对为何要使用这个色彩，伍健贤有他自己一套有趣的理论："这个略显强烈的色彩能够让人们彼此更贴近，感觉更温暖。我们一家在这样的环境中就餐或闲聊会十分融洽。就像在野外，一家人围着火堆聊天和野餐一样，此刻的感觉令人感触颇深。"

鲜艳的色彩能缩小空间的心理尺度，容易拉近人与人的心理距离。色彩就像是空间的调酒师，能够影响人们的心情与行为。"这个色彩在装修之前试验了好多次，一直达不到理想的效果，但是经过不断的调整，现在的效果真的不

错。"伍健贤很欣赏自己的劳动成果。色彩设计其实是感性和理性相结合的工作，选择一个好的色彩需要认真仔细地对比和研究。经过精心设计之后，孩子们果然觉得这样的色彩特别有家的感觉。

三个孩子是夫妇生活的重心之一，每个孩子房间都有一个自己喜欢的色彩，而他们自己选择的色彩都像极了各自的性格。女儿的房间是浅蓝色的，做了特殊效果的墙面就像是漂浮着一片片白云，轻盈亮丽。两个儿子的房间则比较成

酒吧里舒适宽敞的沙发为的就是创造家庭聚会时闲适轻松的感觉，孩子们或坐或躺，会很放松，这里也是他们邀请同学、好友来聚会的好场所。

熟，稳重之余又有些调皮可爱。伍健贤认为他们的空间应该让他们自己创意。其实，每个人都有自己的色彩，用得得当的话，家居能够焕发出想象不到的魅力。

• 与你分享

1. 在布置家的时候要大胆选择色彩，根据自己的个性以及空间功能来总体规划。一般说来，深色调容易减少由于空间过大而带来的心理压力，浅色调能扩大空间的视觉效果，让人心情舒畅开朗。

2．温暖的色彩能够让人们彼此更贴近，感觉更温暖，有利于在家中营造亲切温和的氛围。

3．家长可以鼓励和引导孩子学会挑选自己喜爱的色彩，并利用它们来营造属于自己的空间，培养美感和艺术气质。

桑德拉：时尚家居让孩子也时尚

桑德拉是一对儿女的母亲，她曾拥有十年时装设计师的炫彩经历，所以桑德拉的家充满了时尚气息。她现在是一位懂得生活的家庭主妇，她的家并不因为空阔而整洁，却因为有序而雅致。

她可以让很多的色彩在家庭空间里快乐地相处，却不给孩子带来混乱的感觉，其奥妙在于她将所有的色彩所要表达的情绪调到了同一个"波段"上，她认为这样才能让色彩带来舒适感。她还能让两个孩子的家看上去整齐清新，因为她相信生活的条理性需要在居住环境的秩序中培养。

儿子的房间以蓝色为主。高低床的设计让小伙伴来玩的时候也可以住下。床铺虽然还不是很整洁，但妈妈觉得这并不重要，因为这个房间每天都是儿子在打理，妈妈觉得培养孩子自己布置房间、收拾房间的习惯是更重要的，而能力是会随着习惯逐步提高的。

桑德拉热爱摄影，特意用家人的照片装饰走廊墙面，不仅记录孩子的成长，而且还显得十分简洁、有艺术感。

桑德拉对鞋子的收纳颇有心得，从小就培养女儿要将鞋子分别装盒，并让女儿给鞋子拍张数码照片，再将小照片贴在盒子的表面，这样的话，不用翻开鞋盒也能快速找到自己想要的那双鞋，非常便于寻找和整理。

　　一进入桑德拉家内，一股清新感扑面而来。除了植物，还能有什么？那就是大自然的色彩！主色调为咖啡色的沙发，搭配湖蓝色花纹的靠垫，充满清新感的蓝色能与窗外的花园保持一致，而和温暖的咖啡色搭在一起，又让整个空间清新通畅，并且不至于在冬季里感觉寒冷。为了关照儿子的感受，其他配件均以黑白色为主，这样既增加了两种颜色对比的层次，又不破坏清新感。加之客厅摆放着的一束束白色鲜花，桑德拉的一对儿女在其中追逐打闹，仿佛是森林里快乐跳跃的精灵。

　　身在时尚业的桑德拉，从小便生长在一个热爱艺术和时尚的氛围里，桑德拉想让自己的孩子也一样。现在，每次布置房间，桑德拉都会邀请孩子们加入进来，今年过春节的时候，孩子们甚至入乡随俗地让妈妈买灯笼，为春节布置了中式的房间。如今，小女儿即使单靠自己，也已经能够很好地搭配服装；而儿子则遗传了父亲勇敢的个性，想要和爸爸一样，成为赛车手，他经常会用赛车或者与赛车有关的画、模型等作为自己房间的装饰。

开阔的空间，有艺术气息的装饰，每一件物品妈妈都是精挑细选，她想通过家居默默地培养孩子的时尚感和品位。

• 与你分享

1. 活泼可爱的颜色并不等于杂乱无章的颜色。有些儿童房设计墙面已经运用了鲜亮的颜色，如果再选择五颜六色的家具就会过于混乱。

2. 培养孩子的时尚感不是要他赶时髦，而是让他更多地接触新事物，所以在家里装置一些现代感强的东西会促进孩子对新生事物的认知与应用。比如可以教孩子把照片传入数码相框，摆在客厅里就是一道流动的风景。

3. 整洁、有条理的环境会给人以美感，它不仅会使孩子感到心情愉快，同时还有利于他们从小养成文明的举止与良好的习惯。想实现这一点，家长还可以通过一些办法协助孩子，比如家长为孩子购买的柜子最好是多功能一体型，这样方便孩子在有限的区域内活动，而不至于东西到处放。而且，柜子靠上面

女儿的房间很简洁，每件物品妈妈都让孩子自己来挑选。在布置这个粉粉的房间的过程里，女儿开始认识美、创造美。

花园里地面设计的变化处理符合孩子活跃的心理，因为在不同的场地孩子们会开发出不同的游戏内容，这对锻炼孩子的心智很有好处。

的部分最好有柜门，存放些他不常用的东西在里面，不用经常开合，也会使房间显得更整洁。而靠下面的部分供他摆放日常用品，可以选择开放式的，多些隔板，方便孩子分类放置物品，也更容易拿取。

4. 家长尽量给孩子买实用性强的东西，否则留着占用空间，丢弃又浪费资源。比如过多的彩笔、毛绒玩具甚至是衣服。

桑娅：以孩子的个性特征设计儿童房

来自德国的桑娅是位全职主妇，因而她对两个孩子的成长肩负了更多的责任。由于他们的大女儿已经开始上幼儿园，而小儿子却还处于蹒跚学步中，所以两个孩子的成长空间应该是完全不同的，所以在风格与装饰上就不能是儿童房的简单复制，而要根据孩子各自的特点给以最贴心的设计。

　　已经长大的女儿拥有了自己独立的房间，虽然这个年龄段的女孩有着无数的毛绒玩具和漂亮的衣服，但桑娅认为女孩的房间应该整洁、有条理，给人以美感。所以每天她都会将这里打扫得非常干净，而且时不时地让女儿也参与到家务劳动中。妈妈这样的举动不仅会使孩子感到心情愉快，同时还有利于女儿

　　大女儿房间的设计考虑得比较全面，既顾虑到她生活的舒适，也考虑到了成长的需要。用大人的眼光看上去虽然有些杂乱，但这是妈妈在培养孩子自己打理自己的空间，这当中要有一个过程，大人要有足够的耐心。

桑娅在楼梯的设计上有着"防患于未然"的考虑，她选择了简洁流畅的线条，这避免了铁艺雕花款式中很多枝杈样的突起物伤害到孩子。此外，护栏的间距绝对小于孩子半个头的距离，这样就不会发生卡住孩子的意外。至于防滑的地毯和双边的扶手，都是给孩子的安全保护。

藤条编制的床取自天然，最没有污染，床边的挂饰给年幼的儿子带去很多想象，桑娅要让儿子每天都看着妈妈的笑容进入梦乡。

从小养成文明的举止与有条理的生活习惯。

　　同时大女儿的空间布局也是从发展的眼光来规划的，虽然空间不大，但却是一个多功能的空间。桑娅特地选择了一张双层床铺，一层加个帐篷就变成了可以让女儿玩藏猫猫等游戏的空间。房间的周围不仅围绕着能给女儿带来安全感和乐趣的大小玩偶，而且也还有足够的空间留给她翻腾打滚。

儿子需要桑娅更精心的照顾，因而他的小床就被安放在了主卧室中，这样
他在入睡前的那一刻就能随时看到妈妈在身边，增添他内心的安全感。清晨起
来，桑娅会把婴儿床挪到通风处，时刻保持儿子睡眠的空间空气流通和清洁。
而且，桑娅还调整了室内的光源，原本卧室顶部的水晶吊灯显然会对躺在身边
的儿子视力有伤害，甚至影响睡眠。于是，桑娅将其换成了可调节亮度的磨砂
吸顶灯，连床头的台灯也换成了灯罩朝上，打反射光的立灯。桑娅认为，一个
家究竟是否符合孩子的需要，家长要仔细分析孩子不同时期的特征和生活习性，
这样才能让孩子感觉更舒适。

• 与你分享

1. 不同年龄段的孩子活动范围、生活习性等都不同，所以要根据他们的特
点进行家居布置。比如学龄前孩子的房间地板上最好加铺柔软垫，孩子摔倒时
不会受伤，而学龄期的孩子因为有过多蹦跳的动作，地面太软反而容易摔跤。

2. 家长可以有意地进行引导性装饰设计，从而通过房间的风格与装饰物
修正孩子的性格缺陷。比如对内向、沉闷、不喜交际的孩子来说，选择红、黄
等鲜亮的暖色更容易培养他自信、乐观的生活态度，还可以增添一些丰富的图
案装点房间，以激发他的想象力，活跃他的思维。家具最好是线条简约粗犷、
颜色对比强烈。而对于一些外向、好动、浮躁的孩子，绿、蓝等冷色调、沉稳
平和的图案以及线条圆润、颜色淡雅的家具可以帮助他稳定情绪，更容易集中
精神并保持做事的持久力。

3. 儿童房的环境设计可以与孩子的喜好进行互动，比如孩子喜欢下棋，
你可以用磁性棋盘与棋子作为墙壁的挂饰，棋局变了，墙上的图案也能跟着变；
孩子若喜欢唱歌，卡通音箱里飘出的音符会让她更加热爱音乐；另外，儿童房
的门为什么不能是篮球板？钉上个篮筐就够了；或者给他一面墙，让他尽情涂
鸦或随意用剪纸图案自由粘贴，孩子一定会开心得不得了。

4. 有孩子的家庭刷墙漆、贴壁纸都要注重环保。在贴壁纸时，一定要选
用环保胶进行粘贴。另外，年龄小一些的孩子喜欢颜色鲜艳的卡通类家具，大
一些时可以加入自然元素，比如原木、实木等。

郭培：扩大孩子的娱乐区可以培养沟通能力

女儿小鱼是郭培的最爱，有了她，偌大的家里能够永远热闹，而活力四射的小鱼更是家中的焦点。郭培在楼层的最中间为女儿装扮了一个梦想的粉色世界：粉色的壁纸、粉色的灯、粉色的芭比娃娃、粉色的贵妃浴缸、粉色的地毯……这无疑是女儿梦想中小公主的王国，但郭培想给女儿的还不只这些。她觉得如今的孩子都是独生子女，除了在学校，他们和同龄人接触的机会很少，而

学习也成了小鱼生活的重要组成部分，贴心的妈妈在写字台的周围布置了很多她喜欢的装饰物和收藏，这样就不会让学习过于单调和无味了。

现在的居住情况也导致了他们很少能交到合适的伙伴。因此郭培把自己的家园打造成一个很开放的空间，还把孩子的活动区域扩展到了更自由的花园里。

屋外巴厘岛风情的院子不仅使小鱼有玩乐的空间，更重要的是让她还能够和学校里的同学、小区里的其他小伙伴们有个和大自然接触的机会，让他们在此尽情地玩乐和探索自然的奥秘。无论是那碧色掩映中的东南亚特色的茅草亭、不远处婀娜的人像石雕、蓝色的圆形泳池、亭下那细细的水道还是正在荷花丛中逍遥的白鸭子，郭培相信自己给心爱的女儿创造了一个欢快又自然的"社交"园地。

现在整个家都是她的乐园，如果你在院子里能不时听到小鱼在泳池里的嬉笑声，一会儿看见她和小朋友们忙着追赶鸭子，一会儿见她骑着小自行车要去邻居家玩。她发现小鱼在和伙伴的接触中变得更活泼更大方，有时候回家描述学校里发生的一些事情，表达的也比以前更清楚和流畅，看到女儿如此健康快乐地成长，郭培享受着做母亲的甜蜜。于是，我们也就理解了为什么在她比较严肃的阁楼工作间里会有一面墙摆满了各式的玩偶熊，为什么在那里还有一个神秘的小空间，里面放着滑梯和吊床。原来有空间的地方，就要有女儿玩乐的区域，就要有可以和女儿小鱼交流爱的地方。

• 与你分享

1. 家里没有太多限制孩子娱乐的禁区，他们会感到自由、快乐。即使是在你的书房、卧室，孩子都可以在里面"玩"，家长如果还能利用这个机会与孩子交流一些"正经"事，反而会在融洽的气氛中取得好的效果。

2. 现在的孩子与大人相处的时间太多，语言系统和行为模式都会受大人影响，显得过于早熟。所以，家长要多为孩子创建与小伙伴相处的机会。空间大的家庭，可以单独开辟供孩子与伙伴玩耍的区域，居住面积小的家长不妨选择一些方便移动或折叠的家具，如带滑轮的沙发、折叠餐桌、折叠床等，以便随时可以给孩子腾出"社交"空间。

3. 可以购置一些适合集体参与、需要相互配合的玩具，甚至是装置，比如小到围棋、拼图、大到篮球架，乒乓球台等，其实家里的一角就可以是"棋室"，而没有开阔场地的篮球投掷比赛同样会让孩子欢乐开怀，这样，家长就可以鼓励孩子主动寻找玩伴到家里来，孩子也不会产生畏缩心理。如此创造孩子与人交往的机会，他的社交行能力自然就提高了。

东子：自然质朴的风格最贴合孩子的心

东子的是艺术家，她喜欢油画、版画和各种各样的瓷器；而她的另一个更重要的身份是母亲，她和中瑞混血的女儿瑞贝卡时而是母女，时而是玩伴。东子觉得艺术和孩子一样，都是随性纯真的，是与自然最契合的，所以她为女儿瑞贝卡打造了一个很多同龄小孩没有的艺术氛围和随意空间。在宽敞美丽的院子中，东子专门为女儿砌的水泥沙发别具一格，这种原始朴素的调子在都市中有种幽默感，而且它的确有实实在在的用处——女儿在院子里玩累了可以坐在上边休憩。

这份追求自然、随意休闲的风格还延伸到了家中的各个角落。大部分时间，女儿住在家中的帐篷里，帐篷外的格子状玻璃门上，贴满了瑞贝卡的照片。东子专门为女儿准备了玩具空间，通过色彩明亮的玩具柜，形成了跳跃而童趣十足的视觉感受。

孩子需要的是无拘无束的生活空间，他们对未知世界充满了好奇，所以深谙育儿之道的东子把整个家都打造得如同一个游乐场，即使是自己的创作空间也从来没有阻止过瑞贝卡的介入。她珍视自己的画作，但这并不妨碍女儿在自己的画纸上爬来爬去。有时候，东子在院外墙壁上精心绘画时，女儿会在身边为她的画作上色；菜园里种上了有机的蔬菜，有时候女儿会摇摆着从院子的菜园中摘下红透了的西红柿，拿到水龙头下冲冲便大口吃起来。东子并不会紧张地阻拦，她觉得女儿这一时刻的随性而为更重要，而东子自己也会将瑞贝卡不小心打碎的瓷器变废为宝，镶嵌在居室的外墙上当做装饰，给人一种意外的惊喜。

东子很注重对瑞贝卡的美感教育，她觉得每个阶段的孩子对色彩的感觉都是敏锐的，因为他们心性纯真，色彩感没有经过后天调和，

童话是故乡，身着中式服装，眼神或疑惑或亲切的卡通猫，展现东子和女儿眼中的世界。妈妈努力将自己的家打造成女儿的游乐场。

东子的世界对女儿是随时开放的，瑞贝卡可以随意坐在母亲长长的画案上，用画笔描绘着心中的图案，这让女儿的作品成为最自然的心性之作。

女儿的卧室，公主般的绣花床被帐篷取代，格子玻璃门上的照片正在展示着母亲对女儿深切的爱。

所以更喜欢纯正、鲜艳的色彩。于是，东子在家的四周放置了很多色彩单纯、明艳的玩具或图片，时刻激发瑞贝卡对事物的触摸欲望，以培养她的认知能力和对艺术的感觉。

● 与你分享

1. 家庭空间的局促狭窄可能导致孩子心理上产生一种压抑感。那么家中就要少放置些可有可无的家具、杂物，少摆设一些装饰品，要尽量给孩子多留一些活动空间，保证孩子在家时心情平和、情绪欢畅。

2. 家里的陈设不需要太华丽，可以多选择一些天然材质的陈设，比如泥烧的杯子、草编的蒲团、藤制的沙发、贝壳串联的软隔断、竹子背景墙和用五谷杂粮装点的餐桌台面等，这些东西都会给孩子传递大自然的气息。

3. 所谓的艺术天分从某种意义上说就是孩

玩具空间中，原本简单的柜子被漆成了艳粉、翠绿与湖蓝，与蓝白格地面相衬，简单的色彩方式令整个空间都在跳跃，女儿每天都会在这里度过她最快乐的时光。

子自然、率真的本性，家居环境越是接近自然，孩子的天分越容易被发掘、保持。比如空间开阔、有更多的窗户可以感受阳光并使他看到室外的景观、屋内外花草丛生、家中未粉刷的红砖背景墙，甚至是棉麻的窗帘等都会使孩子更有灵气。

4. 在家庭的布局和摆设上，如果能融合审美、空间艺术、色彩、韵律、形体等元素，并引导孩子去观察、寻找、思考，孩子的各方面能力将得到一个良好的提升。此外，整洁、合理、优雅的空间布局和摆设也将深深影响孩子的气质和性格，甚至影响孩子的心理和行为习惯。

徐川：非常规的家可以激发孩子的创意灵感

　　走进徐川的家，随处可以看到他内心深处的工业情结。门厅旧黄的顶灯是自己跑了好多家商店淘来的，精心涂刷的砖红墙面散发着一股质朴的气息，浑厚的木头桌椅线条干净利落，就连卧室旁的盥洗室的拉手都换成了改造过的自来水管。这些新奇的场景可是在一般孩子家看不到的，活泼好动的女儿自然把家当成了游戏空间。

　　黑白的主色调搭配工业元素却丝毫没有冰冷的感觉。看一眼卧室的顶灯，在白色羽毛的包裹下，灯光柔和纯净，一下子便拉近了人与家的距离。朝阳的窗边特意留出一隅炭化松木板做成的望台，树木载有时光的纹理依旧清晰可辨，若是能沐浴着冬日午后的阳光，和孩子倚靠在沙发里"悦"读钟爱的书，该有怎样自在的慵懒和点点的暖意啊！

　　餐厅的木桌上方，一幅巨大的壁画显然已经说明了一切。俏皮的短发、厚嘴唇、抢眼的耳环和项链，对着麦克风闭目哼唱的女人，所有这些都充满了十

即使是一扇铁门，也能成为女儿粘贴自己作品的展示区。

巨幅的壁画下是一家人最喜欢的艺术区域，大家在此似乎都能感受到浓浓的艺术气息。

紧贴着墙壁的休闲区，亮色的装饰物和可爱造型的垃圾桶营造出颇有情趣的一角。

在客厅开阔的
区域,铺上一块地毯,
就能成为大人和孩子
的游戏空间。

足的波萨诺瓦风,徐川对这件杰作非常满意,他说妻子和他都是第一眼看到就喜欢上了,况且这幅画的颜色刚好契合了餐厅地板和桌椅沉静平稳的棕褐色,挂在这里实在是再贴切不过了。女儿更是十分喜欢在这幅画下做些属于自己的小创造。

房间永远没有最大的面积,只有最大的利用率。当实用主义开始指挥设计师的头脑,他们那些闪光的奇思妙想,常在拐角处、角落里带给我们不一样的惊喜。方方正正的客厅和卧室,徐川不甘如此平庸,总要在图纸上修修补补,于是一个不规则形状的客厅打破常规地展现在所有来宾面前。

徐川把主卧旁边另外的小房间留出来做了女儿的玩具房,可爱的儿童床和小木马相得益彰。而大门又成了女儿平时涂鸦的画板，看着那些稚嫩的线条和绚丽的色彩，徐川掩饰不住内心的快乐和满足。

• 与你分享

1. 室内是否显得宽敞，很大程度上并不完全取决于住房面积的大小。同样的面积，设计巧妙，安排合理，同样可以增加视觉面积和使用面积。比如取消阳台与客厅的隔断墙，那么客厅里的视觉景深因为延伸到了窗外而会显得面宽更大；而用一字形沙发作为两个功能区的界限，不但视觉面积上可以相互借用，在必要时只要将沙发向一个空间稍作移位，就会为另一个空间临时增加使用面积。居住面积小的家庭更可以通过多使用折叠家具解决大量固定家具堵塞空间的问题。

2. 有时候打破常规的装饰会给孩子一种新奇感，可以更新孩子的思维模式，激发他的创意灵感，只要这种奇异不会让孩子恐惧、焦虑就可以。比如装饰画可以抽象，但不能太灰暗沉闷，石墩上小动物的表情可以夸张，但不能是狰狞等。

3. 屋顶上开个天窗吧，窗下的地上再铺块人工草甸或草绿色块毯，白天可以增加光照，晚上家长可以陪孩子仰望星空，他的幻想、联想能力会给你更大的惊喜。

方芳：创建与孩子的共享空间

方芳和女儿站在一起时，仿佛黑白巧克力的绝妙搭配，这样比喻是因为妈妈肤色白皙而细腻，女儿的肤色则健康如黑巧克力。在性格上，温婉娴静的妈妈却拥有一个活泼、外向的女儿。母女的反差似乎很大，但方芳一点也不强求孩子跟自己一样，而是希望孩子可以自由地成长，拥有独特的个性。

方芳向往欧洲生活的闲适和浪漫，她把家布置得很舒适，那个三层联排别墅就是她和孩子共享的理想王国。

二楼左侧是小公主的房间，里面的颜色粉嫩而卡通，满墙张贴的都是女儿自己的水粉画。女儿最喜欢的事就是闲暇时和妈妈在二层中间的私人会客室里合奏一首钢琴曲，谁见了都要感叹母女俩优雅的风采！方芳告诉我们，这里原

本是二楼连接女儿房间和书房之间的洗手间,考虑到一层和三层都有洗手间了,就将这半封闭的卫生间改造成了开放式的"区"字形钢琴室,为了赋予这个空间更多生动的表情,连墙面的壁纸方芳也是亲力亲为铺上的。

方芳希望这个家是自己和孩子感觉最放松的空间,于是就有了一个田园风格的茶室。妈妈挑选了仿岩石表面肌理的瓷砖,光脚踩在上面时,就仿佛来到山间户外一般,自然而清新。放茶座的地方是直接砌起来的一个地台,相同的瓷砖修饰出了上下错落的空间,配合一旁的草帘,惬意而天然。

空间尽量布置得自然，选用自然的装修材料和装饰品，这不仅会带给女儿一个环保安全的生活环境，也会带给她温馨与甜蜜。

　　不仅屋内的景色美轮美奂，爱好养花养草的方芳还精心"装扮"了屋外那个偌大的花园。在美好的季节里，这里总是鲜花烂漫，各色的花朵争先恐后地怒放着，唯恐错过了主人的厚爱。而对于方芳来说，周末清早和女儿一起修花剪草才是最快乐的事情。

　　在自己精心打造的环境里看着女儿每天灿烂的笑容，想着自己陪伴女儿幸福地成长，芳芳觉得这就是自己的心愿。

● 与你分享

　　1. 家的布局设计影响着家人的关系亲疏，空间功能的太过细分并不利于营造融洽的家庭气氛，比

小小茶室的设
计也是为了孩子更
多地享受和自然亲
近的时光。同时，
这里也是母女谈心
的好地方。

即使是劳作的厨房，方芳也布置得妙趣横生，女儿经常会乐意陪着妈妈一起做家务。

如大人和孩子的卧室、书房、浴室、活动区甚至阳台都有详细的归属，彼此共用的空间很少，就不容易在相处中培养感情。

2．有些家长很想培养孩子与自己相同的爱好，那么创建一个可以共同体验爱好的空间对孩子就是最自然的熏陶。比如，飘窗区域不设家具，而只有靠包，孩子就可以更自在地和大人一起下棋，一起整理邮票，一起做手工；又如爸爸的工作室里有雕塑用的大制作台，还有专给孩子准备的小制作台，在爸爸搞创作的时候，孩子也可以玩泥巴。

3．不要在任何卧室里摆放电视，这样客厅就成为了全家人看节目时分享快乐心情的空间，而且一般卧室空间小，电视辐射会对身体不利，尤其容易影响孩子的学习和睡眠。

周虹：智慧的设计就是为了和女儿有更多交流

对于设计师周虹而言，家的概念并不单单是一套漂亮温暖的房子，更是丈夫和女儿。

周虹的家是一套面积约 280 平方米的复式公寓。对于一个三口之家来说，应该是非常宽敞的了。周虹在家扮演着妻子和妈妈的角色，因此家的定义对于她来说更多的是和家人相聚，所以在设计一层生活空间的时候，她一再强调了

房子设计
的出发点就是妈
妈要和女儿时刻
有很好的交流。

厨房和用餐区的活跃色彩能够愉悦孩子的用餐心情。

钢琴区原本是卫生间的一部分，后来被别出心裁地划分了出来，妈妈不希望让女儿感觉练琴是一件枯燥而单调的事，通常爸爸妈妈都会是最欣赏她的听众。

这种关系,那就是:我要我们在一起。"我希望可以时刻看到他们,关心他们。这样,大家才可以有更多的交流和沟通,这点是我所有设计的出发点。"

在一楼的活动空间中,除了承重的墙体外,几乎大部分的墙都被打掉了。目的就是想营造一个开敞的、没有阻隔的大空间。空气和阳光可以畅行无阻地在这里流淌,亲情也随之升华。每次一边做饭,一边抬头就能看着丈夫和女儿在一旁,对周虹来说就是一种享受。

厨房是周虹的领地,那是一个狭长的长方形区域,因此她有意识地将厨房纵向的一边延伸出去,形成了一个早餐桌。这就将原来的厨房顺势变成了两个区域,一个是内部带灶台的中式区域,另一个就是带早餐桌的西式区域,二者互不干扰却彼此相连。

入口玄关处,周虹选择了白色棉质墙纸,摸上去非常柔软。她希望营造一种回到家的温暖感受,尤其是冬天,这种质感的墙纸能给人带去一种归属感。同时,玄关对面以及楼梯旁边的装饰墙都贴以素色繁花图案的墙纸,配上墙边一排陶土的小人,使这个玄关变得素雅而充满艺术感。妈妈希望家里的每一个小细节都能给女儿带来家的温暖,还能对她有艺术的熏陶。

二楼楼梯口的"一帘幽梦"在起到隔断作用的同时,也很好地营造了一种温馨的氛围。透过珠帘,可以看到茶几上一摞摞的 CD。女儿喜欢音乐,妈妈听到女儿播放的音乐就能感受到她的心情,所以音乐也成为了她和孩子独特的交流方式。

另外,家中无处不在的照片更是全家人幸福的记忆,周虹把它们悬挂起来作为最好的装饰。而数不清的花和植物则是周虹拉着女儿一起去挑选的,每次选花的过程女儿都很开心,她还会给妈妈很多建议。周虹希望家里的很多事情女儿都能参与,因为在这个过程中,全家人能有更多的机会放松地交流,女儿能体会到父母对于这个家的付出,并懂得珍爱这个家,女儿也能时刻感受到家的温馨。

• **与你分享**

1. 多一点给孩子展示自己的空间,家长就能多一点对孩子的了解。比如在客厅辟出一块展示区让孩子自由选择物品摆放,随着那些摆放物的变化,你

和孩子之间就比较容易产生新的话题。

  2．好的交流首先要让孩子感受平等。家长可以把一些全家人都会用到的东西有意放在孩子房间，大人需要的时候变成了被动或受邀的角色，从而培养孩子愿意与人分享的好心态。比如草莓造型的水果叉可以不放在厨房，而是给孩子当做书架上的小摆件；羽毛球拍也不搁在储藏室，而是吊在他衣柜的侧板上；偶尔会用的小板凳不在客厅的角落里，而是给孩子的大毛绒熊当靠椅。

  3．孩子逐渐长大后，家里可以挂上一块小黑板，从而增添了更多无声的交流。比如孩子可以把不好意思开口的话写在黑板上，家长上班出门前也可以给还在熟睡的孩子写上几点小提醒。当然，小黑板上家长写下的"孩子，妈妈出差的时候会更想你"和过节时孩子画在上面的大红心都会让这无声的交流暖人心肺。

冯峰：孩子参与建设的家会使几代人更亲密

　　这是由两个设计师加一个从小翻看设计类书籍的小朋友组成的家庭，这是一个处处折射出设计的影子，又处处洋溢着温馨感觉的空间。男主人冯峰说："生活的乐趣就在于自己动手建造自己的家。"这个 140 平方米的家就像一亩试验田，曾经播种下三个人的智慧，如今收获了满屋的幸福。

　　走进冯峰与卢镟镟的家，第一感觉就是开阔。客厅、书房、起居室与厨房，彼此间都没有间隔，客厅与卧室之间也仅通过一扇可以滑动的门来区分。冯峰说，功能区的划分主要依据每个家庭的生活习惯，对于自己来说，当有客人拜访的时候书房就空置了，而当看书的时候肯定不会有客人登门，所以他们的客厅和书房没有空间上的区别，只是根据不同的时间转换不同的功能。而且一旦没有固定区域的限制，书房就变得无处不在，随手拿起一本，坐下便读，孩子

开放是这个家最大的特色，空间无硬性隔断，也能给小房子营造开阔的感觉，对于大孩子来说也有了更多的活动空间。

因此多了读书的乐趣。

　　开阔的另一个原因，或许正如卢镳镳所说，"我们家的东西都在面上。"无论是厨房、书柜还是浴室都是开放式的，有柜架而没柜门，各类生活用品都一览无遗。这样的设计，孩子无须翻箱倒柜地找他自己想要的东西，而且也能让他保持整洁。他把东西放在哪里，摆成什么样子都会影响家的"模样"。

　　起居室算是全家人最杰出的合作作品。客厅与起居室是相连的，但两个区域地面却不等高。在客厅地面改为水泥色的瓷砖之后，起居室则保持了原来

蓝白色的浴
室空间里也藏着
父母和孩子的童
心，家人的生活充
满了情趣。

的木地板，高度的错位与地面材料的差异使较大的客厅有了层次感，也突出了
各自区域的功能性。冯峰满意地说："这个区域一直是家里最其乐融融的地方，
老人喜欢在饭后来这里休息，孩子则把这当成游乐场，就地打滚。"

起居室的沙发背上摆了一排布玩偶：青蛙、狗熊、长颈鹿、兔八哥、咸蛋
超人……个个精致可爱，活灵活现，它们和沙发套以及家里其他的布艺都是卢
镳镳自己做的。沙发对面的墙上，卢镳镳挂了十几个大大小小的相框，异国的
留影、孩子的成长透过冯峰的镜头都绽放出浓郁的艺术气息，更流露出这个家

说不完的甜蜜与幸福。

起居室的房梁上贴着一条木质雕花的门楣，这是冯峰从西关大屋"捡"来的，鲜艳的花草颜色则是家里的小宝贝涂的。在这个家里，每个人都蕴涵着非凡的艺术天赋，每个人都时刻参与着家庭建设，不断地美化着他们共同的乐园。

• 与你分享

1. 在家庭的布局和摆设上，如果能融合空间艺术、色彩、韵律、形体等元素，然后根据孩子的新设想不定期地给家变个"脸"，孩子各方面的能力都将得到一个提升。

2. 起居室主要作为休息娱乐使用，木质地板已为家人提供了天然的坐席，为了配合较高的地面，这个区域的家具都采取了特殊的处理——锯腿，降低高度。这样不仅使此区域在视觉上与相连接的客厅保持协调，也符合此区域的功能要求。

3. 稍大一些的孩子，开始有强烈的参与意识，但家长还是担心如果过多地满足孩子的要求，整个家会变成"动物园"、"玩具城"或"卡通屋"。其实只要在一些非原则的设计上征求他们的意见，比如壁纸的颜色、挂画的图案等，就会使孩子因为参与其中而有主人的感觉，对家也会更有归属感。

佟瑞欣：给孩子一个"市"外桃源

透过佟瑞欣房子外的栅栏，可以看见一个情趣盎然的院落，草坪、鲜花、石子铺成的小路，还有给孩子玩的秋千椅、滑梯。绕过房子，还有一个不小的后院。后院被开辟成了果园和菜园，种了桃树和蔬菜，用佟瑞欣的话说，这是他的"农家小院"。小院弄好的时间不长，可菜已经长得很好。开辟这个小菜园是想为女儿弄点真正没有污染的蔬菜吃，也给她一个认识农作物，增添生活常识的机会。

佟瑞欣小时候家在哈尔滨著名的花园街上。那里有一些俄罗斯风格的老洋房，房间里都有旧旧的木地板、大大的壁炉、老式的家具。每个人对家的美好感情都是从儿时那个家开始的。童年生活的记忆在佟瑞欣的心里有很重要的位

在这个乡间木屋里，最幸福的时光莫过于清晨，一家人都是在鸟叫声中醒来的，走出门就能让女儿感受到大自然。

置。当他建造自己的家的时候，他首先想到的就是要还原儿时的记忆，这样也让日渐长大的小姑娘能够了解爸爸儿时的生活。

要在一栋新的房子里营造出老房子的感觉很不容易。佟瑞欣找了大量旧木头，很多是老房子被拆后留下的，还有旧的门、楼梯等，这些被重新利用在这套新房子里。旧木头不仅有怀旧的感觉，还不会变形，更经久耐用。家里从地板到天

屋里怀旧的老式
家具和装修都承载着
父亲佟瑞欣儿时的生
活记忆，爸爸也想把
这种感受传达给女儿，
让他在这些旧旧的物
件中感受到家的传承。

房子建回了能体生女要常
周搭为间女里玩非
围质人地儿戏也会
的是好乡，而这会安
回廊一家更乡活，全。

花板都装饰了大块的木头，原来的铝合金门窗也都换成了木质门窗。房子周围搭建了木质的回廊，坐在这里可以一边喝茶一边看院子里的风景，真正是一个乡间木屋。

佟瑞欣说他们在市里的公寓位于热闹的徐家汇附近，每天早晨都是在车流的喧闹声中醒来。现在，住在这个乡间木屋里，每天清晨都是在鸟叫中开始的。这种生活才是爸爸想要带给女儿的。

• 与你分享

1. 远离城市的嘈杂，可以呼吸新鲜空气，感受更多鸟语花香的乡村式的生活环境，这有利于孩子身心健康，而且也意味着他能获得更多的活动空间，有利于孩子和大自然亲密接触并保持纯真。

2. 无论是花园还是菜园都是孩子们喜欢的地方，因为那里可以看见植物成长的变化，可以发现小昆虫的行踪，还能闻到雨后泥土的芳香，这将有助于培养孩子热爱自然的情怀。即使没有这样的院落，也可以

上水石墙壁同时
起到空调与加湿器的
作用。水在上下循环
中吸收了周围的热量，
使空气温度下降，在
水蒸发的过程中，空
气的湿度上升。这个
设计不但使生活更舒
服，也让孩子们有环
保的意识。

顶层搭建了玻璃温室，这里不仅种满芳香的植物，并且安装了太阳能和收集雨水的装置，节能体现在孩子每一天的生活中，当然，这里也成了孩子们最爱的植物天堂。

把阳台改造成充满花草的阳光屋，当然也可以盆栽小辣椒、橘子，这都将打造出田园生活的景象。

俞孔坚：自然元素和简约风格也可以"碰撞"出孩子的真善美

　　俞孔坚是某景观设计学研究院的院长，他的家没有一丝的奢华，看上去有些朴素，甚至普通，但这个房子却会打动每一个人。

　　在俞孔坚看来，家居设计要体现真善美。可能在很多现代人的眼里，真善美的说法有些落伍，但对于一个孩子来讲，什么才是最重要的呢？即真诚地对待一切，对所有事物心生美好。俞孔坚希望把自己对于真善美的理解传播给孩子。在他看来，所谓真，指真实不做作，家是主人性格的体现，只要整体风格简约大方，就没有必要做过多刻意的修饰；所谓善，指不但要对自己好，还

二楼书房的，天窗为阅读带来自然光，书柜与吊灯的尺寸有着内在的统一，这里没有任何多余的装饰，所有的一切都在营造简约的美感。奢侈有时是一种浪费，当你对功能的需求得到满足，我们为什么总要索取更多？孩子们在这样的空间中逐渐学会了对"度"的把握，我们总埋怨孩子的浪费，我们何尝不是如此？从空间的设计，从家中默默引导孩子吧。

如果空间一览无余会丧失美感，在客厅与餐厅的接合处，运用条纹与方格制造空间的趣味性。当孩子逐渐长大，让他们懂得尊重别人的隐私：即使关系再亲近，也要留有恰当的距离，这也是一种生活中的美学。

要对别人好，对环境好，这个家的节能环保创意也体现着设计之善。此外，强调家的功能性与实用性，关照家中人与人之间的关系，也是善的重要体现。三者之中，唯一美是说不清的，不过真与善实现了，美自然而然就实现了。

玄关处借鉴风水的理念，竖立起一堵白色照壁。绕过照壁左边是厨房，右边是客厅。客厅里，一棵高大的植物令空间不再空旷，即使独处也不会让孩子感到寂寞，因为这里有生命的陪伴。除此之外，层次丰富的格栅结构运用得很多，格栅能在简单中制造丰富。

如此一来，"真善美"对于还处在懵懂中的孩子们来说，是一个切实可以感触到的空间，概念不再是空洞的，而是可以看到、摸到和嗅到的。

城市里的孩子少了很多和自然接触的机会，而如今的孩子又比以前的孩子少了生活的乐趣。作为景观设计师，他的家充分体现了他的设计美学，无论材质、能耗、审美都追求最大限度的经济与自然。

尽管采用后现代主义的简约风格，这个家没有惯常与简约伴生的冰冷，木与藤等原生材料的大量运用使得家的感觉相当温暖。大自然的绿色生趣渲染在家的各个角落：墨绿，是客厅上水石墙壁上生长的苔藓；碧绿，是棕榈树在大厅中的伸展；蓝绿，是占据一面墙壁的鱼缸中的流水。孩子们很喜欢这些与自然颜色接近的色彩。在这个充满自然气息的家中，孩子们有了环保的理念，懂得了对人关爱。

● 与你分享

1. 建立一片自然的环境其实很简单，我们不但可以在阳台上种些花花草草，还可以让孩子在花盆里撒些菜籽，让孩子亲自来浇水、除草，看着叶子一天天长大，结出果实，小小的阳台可以成为他最好的植物课堂。

2. 孩子们都喜欢养些小动物，如果我们不能像俞孔坚一样，用上水石做一套专业的水循环系统，却可以让孩子用养小乌龟的水来浇花，这样也给了花草特别的养分。在这个小小的行为中，孩子能体会到自然的循环，从而产生节约意识。

3. 我们现在很难享受大家庭的美好，但可以请亲戚和朋友的孩子多到家中，让孩子们知道分享，知道互相关爱、惦念。我们总说现在的孩子很自私，其实，是我们大人把孩子围在了关爱泛滥的围栏里，他的爱无处释放，最终也不懂得该如何表达。

The end

图书在版编目(CIP)数据

培养聪明孩子的家居空间/《时尚家居》杂志社编
著. —南京:江苏人民出版社,2011.6
ISBN 978-7-214-06722-7

Ⅰ.①培… Ⅱ.①时… Ⅲ.①住宅－室内装修－建筑
设计②家庭教育 Ⅳ.①TU767②G78

中国版本图书馆CIP数据核字(2010)第261691号

书　　名	培养聪明孩子的家居空间
编　　著	《时尚家居》杂志社
责任编辑	刘　焱
主　　编	殷智贤
策　　划	王晨阳
文字作者	刘学颂　殷智育　沈思捷　余秋森　小巫等
图片作者	马晓春　刘其华　范涛等
协助策划	一亿妈妈机构　芬理希梦
特约编辑	李　玫
文字校对	刘彦章
版式设计	孙　倩
装帧设计	门乃婷装帧设计
团购热线	010-64959556
投稿信箱	tougao@fonghong.cn
出版发行	江苏人民出版社(南京湖南路1号A楼　邮编:210009)
网　　址	http://www.book-wind.com
集团地址	凤凰出版传媒集团(南京湖南路1号A楼　邮编:210009)
集团网址	凤凰出版传媒网http://www.ppm.cn
经　　销	江苏省新华发行集团有限公司
印　　刷	北京市兆成印刷有限责任公司
开　　本	787毫米×1092毫米　1/16
印　　张	15
字　　数	229千字
版　　次	2011年6月第1版　2011年6月第1次印刷
标准书号	ISBN 978-7-214-06722-7
定　　价	58.00元

(江苏人民出版社图书凡印装错误可向本社调换)